大地を守る会会長
藤田和芳──著

ダイコン一本からの革命

環境NGOが歩んだ30年

工作舎

目次

はじめに

「大地を守る会」三〇周年目のできごと

◉生産者会員と消費者会員こぞっての応援

三〇数年前、私は、十数人の農民たちがつくった野菜を前に途方に暮れていた。

すばらしい野菜なのだ。とにかくおいしい。こういう野菜をずっとつくりつづけてもらいたい。いや、日本の野菜はみんなこうでなくてはいけないはずだ。ところが、その野菜は、既存の生産・流通の枠からはみでた代物だった。大きさも形もさまざま、そして虫食いがある。都市では、見た目のきれいな野菜が歓迎されていて、いかにおいしかろうが、虫食いの野菜はスーパーマーケットに並べられないというのだ。

だったら私が引き受けようじゃないかと申し出た。すぐ売り先がみつかると思ったのだが、あてがはずれた。まだ宅配便もない時代、大量の野菜を、どうやってだれに届けたらよいのかわからず途方に暮れたのだ。

半ばやけっぱちで、バナナの叩き売りスタイルで青空市を開いてみたら、これが案外売れた。見た目をきれいにするために農薬をたっぷり使った危ない野菜はイヤだという消費者が集まってきた。そして、友人、知人、あらゆるツテをたどりつつ、多くの人びとの力によって、一九七五年、大地を守る会(当時、大地を守る市民の会)を設立した。農薬をできるだけ使わない生産者と虫食い歓迎の消費者を結ぶネットワークができていった。

二〇〇五年、三〇周年を迎える大地を守る会は、全国各地の生産者会員と提携し、安心して食べられる農産物、畜産物、水産物、加工品などを消費者に広く提供する法人による事業と、環境問題など種々の市民運動とに取り組んできた。生産者会員は全国に二五〇〇人ほど、関東一円の消費者会員が七万二〇〇〇世帯ほどとなっている。国民一億二〇〇〇万人からすれば少ない数字だが、丹精こめて食べ物をつくる人と、意志をもって食べ物を選び取ろうとする人びとを結ぶ意義を考えると、責任ある大変な数だ。

どうにか三〇年やってこられたことを感謝するために、二〇〇五年は記念のイベントなども企画されようとしていた。過去を感慨深くふり返るだけでなく、軌道修正するべきところを見い出し、今後の方向性を確認し、新たな気持ちでまた一歩踏み出すつもりでいた。

そんな思いで春を迎えようとしていた二〇〇五年三月一八日、とんでもない事件が起きた。

その日私は、宮崎県・綾町で、九州の生産者たちの研修会に出席していた。元気な生産者たちの会合は大いに盛り上がった。昼食においしい地ビールまでご馳走になっていた一二時すぎ、携帯電話が鳴った。千葉県・市川市にある倉庫を担当する職員からだ。

「大変です、煙が出てるんです」とうわずった声がする。

農産物が集まる物流センターの一角で火災が起きたというのだ。職員も、急なことで全体のようすがよくつかめないらしい。たぶんボヤだろう、たいしたことはないだろうと思ったが、即刻、千葉に向かった。

飛行機に乗る前、もう一度連絡がとれた。

「けが人は？」

「ちょっとけがしてる人がいます」

「火事は大きいの？　消防車何台来てるの？」

「二〇台くらい来てます」。

楽観気分は消し飛んだ。重大なことが起きている。

夜、物流センターに着くと、あたり一面、焦げ臭い。数時間燃えつづけ、夕方に消火したばかりだという。建物が三棟ある物流センターのうち、出火元と見られる資材保管倉庫が全焼し、あたりは水浸しだ。

幸い事務所機能にはまったく影響なく、避難のさいに足をけがした職員が一名いたが、重症者はいなかった。ところが、消防の放水などの影響によって隣接する区分けライン、冷蔵、冷凍倉庫が使用不能となったのだった。

区分けラインというのは、全国の生産者から集まってくる農産物などを、消費者の注文に応じて区分けする場所である。コンピュータで完全に制御されている。大地を守る会の命綱ともいえる場所が機能しなくなったのだ。なぜこんなことが起きたのか、という言葉が頭の中でぐるぐる廻った。

だが、原因究明より先に、しなければならないことが山ほどあった。全国から物流センターをめざして走ってきた大型トラックが続々と到着する。一時保管する冷蔵庫も区分けラインもない。配送品の受け付けは無理だと判断した。到着したトラックには引き返してもらい、すべての配送車をとりあえずストップさせた。生産者会員、消費者会員への連絡も急がねばならない。代わりの倉庫の手配もある。職員たちは徹夜で動いた。

◉「みんないい顔してるなー」の青空市

てんやわんやの物流センター事務所に、翌日早朝から生産者会員が集まりだした。テレビのニュースなどで、火事の件が報道されたようだ。それを見た会員が他の会員につぎつぎと連絡をしたらしく、関東圏はもとより、東北や九州からも夜行バスや朝一番の新幹線を利用したのだろう、何十人という生産者たちが心配してかけつけてくれたのだった。

大きな風呂敷包みを事務所で広げる人たちがいる。中から出てくるのは、おむすびや煮しめなど。牛乳を大量に運びこむ生産者たちもいた。炊き出しというわけだ。大きなボストンバッグを抱えた生産者もいた。中から大量の軍手と下着を取り出し、「一週間泊まりこみで手伝ってこいと、女房が用意して送りだしてくれたから、何でもするよ」というのだ。

農村の強い絆そのままの、火事場見舞いが続いた。火災の現場は、検証のために綱が張られて近づけず、後片づけをするような仕事は何もないのだが、集まった生産者たちは、現場の周りを何度も何度も行ったり来たりしている。事務所で徹夜で働く若い職員を励まし、「藤田さん、元気だしなよ」と、大きくてあったかい手がいくつ私の肩に乗せられただろう。

その後も、生産者、消費者、知人、友人たちから、心のこもった火事見舞いが延々とつづいた。古くからの消費者会員のなかには、後の対応についてアイデアを出してくれる人もいた。

職員が配送できないなら、私たちが取りに行ってもいい、各地の配送センターで市場を開くようなことはできないのか、などたくさんの意見が寄せられた。生産者からも、すぐにでも青空市でいいからやろうじゃないかと声があがった。気持ちは誠にありがたかったが、職員全員、不眠不休で対策に追われ余力がなかった。

情報が混乱していた。生産者も、消費者も、社員ですら大地がこれからどうなるか不安でたまらない。幹部社員を集めて連日、対策会議を開いた。刻々と変わる情勢に対して、有効な手をつぎつぎと打つためである。時間との競争だった。倉庫の手配、人の手配、野菜の配達、加工品はいつからか、生産者にも消費者にも一分でも早く伝えなければならなかった。

私は、古くからの社員である戎谷《えびずだに》徹也を呼んで、この対策会議で決まったことを整理して、全社員と外部に情報を発信してほしいと頼んだ。戎谷は、以前、広報室長をしていたこともあり文章を書くのは得意だった。しかも、情に熱く読む人に感動をもたらす文章を書く。彼は、翌日から「今こそ見せよう！　大地の底力」と銘打って「大地復活！　情報」を全社員メールで流しはじめた。それを元にしてHP《ホームページ》の文章がつくられ、産地担当は生産者へ、加工品担当は各メーカーへ、会員相談室は消費者へと情報を発信していった。洪水のように情報が出はじめた。戎谷は、連日徹夜でパソコンの前で情報を発信しつづけたのである。皆、少しずつ平静さを取り戻していった。

物流を一日でも早く再開させることが生命線だった。社員総出で倉庫探しに走った。短期間の交渉では、私たちの望む冷蔵や冷凍倉庫はなかなか見つからなかった。それでも、一か所、二か所と倉庫が決まっていく。

つぎは、その倉庫で働く人の手配だ。社員を交代制で、深夜までの区分けや発送作業に投入した。遠く離れた埼玉県の和光市に倉庫が見つかり、そこで緊急に野菜の区分けをすることにした。でも、今からそこで働くパートさんを募集していたのでは間に合わない。市川の焼けた倉庫で区分け作業をしていたパートさんたちに和光まで行ってもらうことにした。急きょ、観光バスを手配して、早朝、市川の倉庫を出発して夕方市川に帰ってくるという体制を組んだ。女性や年配の方が多い。疲れも出るだろう。パートの人たちは、行き返りのバスのなかで、カラオケを歌ったり、ビンゴをしながら気を紛らわせ、励ましあった。彼女たちもまた、大地の一大事に必死で頑張ってくれたのである。こうした緊急体制が一か月以上もつづいた。

一方、消防と警察による出火原因究明が進み、資材保管倉庫の漏電が原因とされた。発泡スチロール製の箱が保管されている場所の天井あたりが火元だという。

必ず元どおりになる、心配するな、たいした痛手ではないのだと私は言いつづけたが、職員は切羽詰まった状態で働きながら、これから大地を守る会はどうなってしまうのか不安だったろう。やや落ち着いてきた四月二日、全職員が出席して会議が開かれた。今後の課題が語られ、区分けセンターが一か所に集中して代替が効かないのは危機管理が甘かったと反省した。生産者から消費者に安全な食べ物を届ける組織で、物流が止まってしまう失態はあってはならない。

幸いにして、保険もあり、すでに新しい物流センターが九月開設の予定で、大地を守る会は十分復興できる見通しがあった。財政的にも十分余裕がある。だから安心してほしいと呼びかけた。

四月三日、調布の大地配送センターで青空市を開いた。生産者や消費者の熱意に励まされ、「大地を守る会は、まだ元気だぞ」と旗を掲げようということになったのだ。職員は皆、限界状態だったのだが、日曜日返上のボランティアに五〇人ほどが手をあげてくれた。

近隣の生産者を中心に、農産物が集められた。野菜、果物、肉、干物、ハム・ソーセージ、牛乳、パン、ジュース、お菓子、調味料などをテントに山積みした。大地を守る会会員に限らず、知人、火事を知って応援してくれる方にも、自由に来てもらえるようにし、インターネットなどで呼びかけた。

午前十時の開始から午後三時ごろまで、ひっきりなしにお客さんが来てくれた。古くからの会員、なじみの会員の顔に混じって、まったく顔を知らない若い人たちもいる。千葉や埼玉から何時間もかけて「子どもには大地のものしか食べさせたくないから」と大きな袋持参で来てくれた人もいる。何人かの消費者は、封筒に「お見舞い」と書いて現金をそっと差し出してくれた。思わず涙が出そうになった。

幸い天気もよく、七〇〇人を超える人出だった。若い職員たちは、お客さんと熱心に話し、ときに声を張りあげ、人気商品に殺到するお客さんを整理し、立ちっぱなしで大奮闘していた。その姿を見ていた私に、古参の生産者が声をかけてきた。

「なあ、藤田さんよぉ。みんないい顔してるな。火事は大変だったけど、若い奴にとっちゃいい経験ができてよかったでねえか。初期の苦労は並たいていではなかった。それを話して聞かせたって、若い奴にわかるわけはねえ。こうやって自分たちが苦労してみて初めてわかることがいっぱいあるんじゃないの」

確かに、皆生き生きしていた。大地を守る会の原点が青空市だったことを、話で聞いて知ってはいても実感のない世代が、今、同じ青空市で声を張りあげている。三〇年経った組織で、さほどの危機感もなく与えられる仕事をこなすだけになりがちの世代が、火災の後、復旧への再短距離を見つけるために、それぞれ最大限の知恵を出し、創意工夫し、行動力と決断力を発揮し、自主的に動いた。

なるほど、神は無駄な経験や試練は与えないというが、まさに三〇周年目にふさわしい試練を与えられたのかもしれない。若い人ばかりではなく、私もまた原点回帰を教えられている。

◉青空市は大地を守る会の原点。お客さんとやりとりしながら声を張りあげていると元気になる。

盛況のうちに青空市が終わった。多くの人の本音の反応が知りたくて、翌朝インターネットの掲示板をのぞいてみた。インターネット独特の短いフレーズが並んでいる。

「私、会員じゃないけど黒豚ゲットしたよ」

「え、いいな、売り切れてた」

「野菜はタップリあったよ」

「大地の若い人たち、意外と元気だった」

「駐車場ぐらい用意しておけよ」

みんな勝手なことを書いている。でも、本音はやさしい。そういえば、おしゃれな若い人たちがずいぶんいた。外国人もきていたな。すまして買い物をしていた彼女たちは、大地を守る会会員ではないが、何となく周囲にいてアンテナを張り、催しがあれば来てくれて評判のいい商品をゲットするわけだ。大地の社員たちが火事でしょげているかどうか、ちょっと「生で」見てこようという野次馬的な陽気さもうかがえる。

生真面目に有機農業運動や市民運動に取り組んできた世代には、信じられない感覚だろうし、わがままな消費者行動だと決めつける人もいるだろうが、私は、こういう人たちを歓迎したい。「信念」もなく、頼りなく浮遊するように見えるのだが、実は、上から啓蒙されたり、正義を押しつけられることに反発をもち、一つ一つの事柄について情報収集し自己決定できる人たちなのではないか。野次馬も広い意味で支持者であり、新たな可能性を秘めた人たちだ。そう感じて、また元気が湧いてきたのだった。

第1章

「一〇〇万人のキャンドルナイト」のうねり

1――七〇〇万人を巻きこんだ「ゆるやかな連帯」

◉でんきを消してスローな夜を

二〇〇三年より、夏至の日の夜八時から一〇時まで、東京タワーや札幌の時計台、大阪城、沖縄の首里城などのライトスポット施設がいっせいに消灯するようになった。その画像をテレビで見たり、実際に目にした方も多いだろう。

これは、六月半ばの夏至の日を中心に数日間行われる「一〇〇万人のキャンドルナイト」という運動のイベントの一つである。「でんきを消して、スローな夜を」と呼びかけ、大地を守る会やナマケモノ倶楽部などのＮＧＯと環境省が連携し、二〇〇三年から毎年行われている。

二〇〇五年六月一九日には、「一〇〇万人のキャンドルナイト・東京八百夜灯二〇〇五」と銘打ち、東京・増上寺でライブ演奏などのイベントが行われた。八時には、真近かに見える東京タワーがカウントダウンとともに消灯し、ロウソクの灯りのもと、詩の朗読などを楽しんだ。境内には、大地の生産者たちによる出店やさまざまなＮＧＯのブースも出て四七〇〇人もの参加者でにぎわった。

また、全国三一〇か所でも趣向を凝らしたいろいろなイベントが催された。川辺でロウソク

◉カウントダウンとともに東京タワーも消灯。ロウソクの灯りのもと、ピアノ演奏や舞、詩の朗読などを楽しむ。

の光で過ごしたり、星空の元に集まったり、レストランでは恋人たちが静かにロウソクの灯を間にして見つめあった。教会で祈りをささげた人たちもいた。個人的に家で電気を消して二時間過ごした人もいる。お母さんが子どもに絵本を読んで聞かせたり、一緒にロウソクを立てて風呂に入ったり、ロウソクの灯で一家団らんを楽しんだ人たちもいた。どんなふうに過ごすかは、参加する人自身で決めればよかった。皆、思い思いのキャンドルナイトを過ごした。決まっているのは、夏至の日の夜八時から二時間電気を消すこと。

そうやって、何らかの形で、「一〇〇万人のキャンドルナイト」に参加した人は、二〇〇五年には六六四万人にのぼった。

この運動は、スローライフを提唱する「ナマケモノ倶楽部」世話人である辻信一さんの呼びかけをもとに、私の思いつきを上乗せし、それがだんだん運動の形をなし、大きく膨らんでいったものだ。

二時間電気を消すくらいでいったい何が変わるのか。環境問題やエネルギー問題を考えるなら、原発反対など、もっと真剣に早急にやるべき運動があるではないか。大地を守る会は何でこんなのんびりしたお祭をやっているのか。そんな声もあるし、私自身、この運動を展開する前に、どういう形にしたらよいのか迷い、多くの人と議論を重ねた。

◉糾弾型の運動からクリエイティブな運動へ

発端は、辻信一さんの通信文だった。

二〇〇一年にアメリカではブッシュが大統領に当選し、エネルギー政策が大転換した。クリントン政権では原子力発電をやめる方向であったのに、原発を毎月一個ほどもつくろうという方針になった。その方針に反発したアメリカ国内の環境問題のNGOが、ブッシュ政権に抗議して電気を消すという行動をとった。そこで、辻信一さんは、日本でもその行動に呼応して、電気を消そうではないかと、ナマケモノ倶楽部の通信文に書いていたのだった。

そのころ、私は、まったく新しい社会運動を何らかの形で展開したいと思っていた。社会運動には縁のない人たちが、おもしろがって気軽に参加できる運動がいい。お祭と一緒で、まずは人が集まり「場」ができる。その場に集まった人が自分の意志で、内発的に今の生き方や社会について考える「時」をもち、それぞれ自己決定してつぎの一歩を決めて進む。そんな運動の仕方を模索していた。

一般に、社会運動や市民運動は、何かを糾弾し、告発することから始まる。権力や不正に対して闘いを挑む。既存のものを壊そうとする「カウンターカルチャー」としての運動が多い。

原発の問題にしても、反対を叫ぶことは非常に大事であり私も機会をみつけては声をあげる。だが、原発の代わりとなるエネルギー政策はどういうものなのか、風力発電はどの程度進んでいるのか、あるいは電気使用量を抑えるには具体的にどのような方法があるのかなどを、原発推進派も反対派も共に考えていかなければならない時期にきている。

原発にかぎらず、既存のものを否定するだけでなく、その先、私たちがちがう発想で新たな社会をこうやってつくろうと提案するような「クリエイティブな運動」をしたい。しかも、活動家が啓蒙して一般の人を先導するのではなく、運動とは比較的無縁の人たちが自分の意志で思わず参加したくなるような運動を巻き起こしたい。生産性や効率、経済だけを指針とした価値観ではなく、風土に根づく文化を見直し、今の生き方の根底を考え直すような運動。

通信文に載っていた「電気を消す」という行動は、抗議でありながら、ちがう世界を暗示する行動であり、電気を消してみれば、何かに追われつづける現代生活とはちがう時間が流れるのではないかと感じた。

もともと私は、糾弾・告発型の運動を実践し、その限界を見てきた。その上で、「農薬の危険性を一〇〇万回叫ぶよりも、一本の無農薬のダイコンをつくり、運び、食べることから始めよう」を合言葉にして大地を守る会を設立した。既存の生産・流通が無理ならば、新しい方法を考え事業として成り立たせ、社会に提案してきた。電気を消す行動も、もっと私たちらしく変化を加え、広がりのある運動にしていこう。

◉理想は高く、間口は広く

とりあえず、大地を守る会会員に呼びかけて実験的にやってみようと話が具体化した。

日程は、二〇〇二年一〇月二六日、エネルギーの日（反原子力の日）に設定。名称は、職員に公募し、「キャンドルナイトプロジェクト」と決まった。反原子力の日ではあるが、原発反対など限定した訴えをするより、「二時間電気を消す」ことだけを約束ごとにし、原発やイラク戦争について考えるもよし、グローバリズムや現代文明や個人の暮らしについて内省してみるもよし、何のために電気を消し、どう過ごすかは、参加する人に任せようということになった。

消した時間、どういう世界が見えてきて、どんな気持ちで過ごしたか、報告しあったらおもしろい。参加した子どもの作文や絵を募集してコンクールもやってみようと計画が進んだ。

大地を守る会のカタログに、手づくりのロウソク、絵本、大人向けにはワインや日本酒、ビールなどを載せ、「あなたは電気を消してどう過ごしますか」と呼びかけた。運動と事業を両立させる大地を守る会ならではの楽しく過ごせる商品もちゃんと用意したのだった。

結果は大反響を呼び、おおよそ一万人ほどが参加し、たくさんの報告、感想が寄せられた。

「電気を消し、ベランダで夜空を見て過ごした」

「一本のロウソクの周りに家族四人が寄り添ったら、いつもより優しい声で語りあえた」

「ロウソクの光で絵本を読んで聞かせたら、子どもが落ち着いて聞いていた」

「ロウソクの光の中でお茶をたててみたら時がゆったり流れた」

「一人でピアノを弾いてみた」

「ゆっくりお風呂に入った」

「瞑想した」……。

子どもたちも思索に耽るような文章や絵を送ってくれた。

翌年は外部へも呼びかけることにした。

まず、辻信一さんに相談し一緒にやることになった。世代を超えた広がりをもたせ、さらに将来は外国にも呼びかけたい。理想は高く、間口は広くありたい。とすると、日程はエネルギー問題も反原発も世界平和も飲みこめるような日がいい。エネルギーの日はメッセージ性が限られて適当でないかもしれない。日本特有の八月一五日終戦記念日なども排除された。浮上してきたのは、一年でいちばん昼間の長い日、夏至の日だった。

参加人数の目標を一〇〇万人とし、名称を「一〇〇万人のキャンドルナイト」とした。この数字は、机上の空論ではなかった。七～八年前からさまざまな運動で一緒に参加してきた生活協同組合や市民運動団体に所属する世帯を見積もると六〇万世帯あまり。そこに、知り合いのいる労働組合や農協系の団体を説得して協力してもらえば、優に一〇〇万人は超えると見積もったのだ。今までの関係からすぐに快諾されるはずだった。

ところが、話をすると、どこの団体も「何のためにそんなことするの?」という。「ただ二時間電気を消す」行動の趣旨を私は何度も語った。

だれからの強制でもなく自分で電気を消す。そして、例えばお母さんがロウソクを立て、子どもたちと一緒にその灯りのもとで語らうときに、彼女には何の意志もないだろうか。心のなかに、少なくとも電気を使いつづけるいつもの暮らしを顧みる姿勢があるのではないか。エネルギー問題や原発について考えたり、同じ時間にイラクで死んでいく人たちに思いを馳せるかもしれない。原発反対、戦争反対の明確な意志が築かれるかもしれない。

そして、同じような思いをもち同じ時間に電気を消して過ごしている人が日本各地に一〇〇万人いる。そう想像できたとき、いつもの食卓は、決して孤立した空間ではなくなる。この食卓から地球全体とつながることさえできる。そんな勇気をもって、つぎの行動を自分で決定していけるのではないか。だから、上から扇動する運動ではなく、何のために参加するかは参加者の自己決定にゆだねる。そういう手法で運動を展開したい……。

熱弁をふるっても「で、その結果どうなるの?」といわれてしまうのだ。そして、やっぱり原発反対につながるとすると、電気労連はどうなるんだとか、農協系も生協系もそこまではっきりいえない、と歯切れが悪くなるのだった。

一〇〇万人の見積もりはあっけなく崩れた。そのころ私は仕事のつながりで、竹村真一さん（京都造形芸術大学教授）、枝廣淳子さん（同時通訳者）、前北美弥子さん（電通社員・コピーライター）などとよく会っていた。彼らにキャンドルナイトの話をすると、「おもしろい！　ぜひやろう！」といってくれた。偶然とはおもしろいものだ。いや、歴史的な事件が起こるときには神様は絶妙な人員配置をするのかもしれない。このメンバーにナマケモノ倶楽部の辻信一さん、生活クラブ生協千葉の理事長の池田徹さん、作家の立松和平さんを加えた七人で呼びかけ人会議をつくり「キャンドルナイト」をスタートさせることにした。このメンバーの一人でも欠けたら「一〇〇万人のキャンドルナイト」は、おそらく成功しなかっただろう。それくらい個性的で、能力があり、思考の柔軟なメンバーが集まったのだった。七人は、言い出しっぺだからと、呼びかけ人代表ということになった。

さて、どうやって運動を広げようか。とりあえず、名のある文化人、芸能人、知識人たちに呼びかけ人になってもらうことにした。でも、ただ名前を連ねてもらうだけでは嫌だな。自分もキャンドルナイトに参加するという意思をこめた呼びかけ文を書いてもらおう。文は原則として三十一文字《みそひともじ》とした。日本古来の和歌の伝統である三十一文字にしたことは、結果的に成功で、呼びかけ人それぞれの思いが多くの人の心に伝わったようだ。数人の県知事にも声をかけたところ、紋切り型ではなく、個人的な感性が生きた呼びかけ文を書いていただき、県単位で地方のNPO団体などの活動の相談に乗ってくれることになった。

呼びかけ人代表のうち、竹村真一さんは、インターネットを駆使できる学生を動員し運動を広げる戦略を練った。ちょうど、当時韓国で大統領選挙が行われ、劣勢だった盧《ノ》 武鉉《ムヒョン》氏を支持する若者たちが、インターネット上で「盧《ノ》 武鉉《ムヒョン》氏が劣勢だから皆で投票に行こう」と呼びかけ、一週間で形勢を逆転し当選したというニュースが伝えられていた。

この運動は、必ず世代を超えて受け止められるという確信はあるものの、若者たちに伝える方法がわからなかった。竹村さんが連れてきてくれた学生たちに、あらゆるネットワークを使って、社会運動とは縁のない高校生、大学生、職業をもつ若者、あるいはフリーターやニートの若者たちでも、おもしろそうだからと参加できるような仕組みを考えてほしい、大きなうねりをつくるために力を貸してほしいと頼んだ。

キャンドルナイト専用のHPもできた。日本地図上に参加の意思表示ができる「キャンドルスケープ」が登場し、呼びかけ人の三十一文字がつぎつぎとアップされ、各地のイベントが続々と掲載された。このHPは、後に、経済産業省の「グッドデザイン賞」を受賞したほどのできばえだった。携帯電話からの、「キャンドルスケープ」への参加申し込みもできるようにした。このHPなら、若い人たちの心を動かせるかもしれない。インターネットを本格的に使った日本で初めての市民運動が展開できそうだ。

辻さんと竹村さんは、暗闇や光そのものがもつ意味を見つめ、そこから文明論、文化論を考えていくことも提唱した。辻さんは、ＨＰにつぎのようなメッセージを寄せた。

「ある朝、マハトマ・ガンジーにこんな投書がきた。あんたみたいな大物が、なんでいつも政治や経済の改革といった大事な話題のかわりに、バランスのとれた食事などとどうでもいいような話ばっかりしているのか、と。

ガンジーは答えた。あなたの言う大変革が起きるまで、自分の食べるものを自分で料理したり、自分の家の周りを掃除したりしてはいけないなどということがあるだろうか。政治権力がなければできないことがあるのは認めましょう。しかし、政治権力に頼らなくてもできることも山のようにある。第一、小さな改革すらできない者に、大きな改革などできるわけはありません、と。

ガンジーは自ら糸車《チャルカ》を回して糸を紡ぎ、またそれを人にすすめた。世界をより良い場所に変えてゆくというのはそういうことだ、と彼は考えていたのだ」

このメッセージの後に、辻さんは「だから私はキャンドルナイトに参加します」と結んでいた。

呼びかけ人代表人たちは、つぎつぎとＨＰ上にメッセージを書きこんでいった。竹村真一さんはその後、冬至キャンドルナイトに向けてつぎのようなメッセージを寄せた。

「クリスマスには三つの謎がある。

一つ、キリストの誕生日がなぜ〈冬至〉なのか？

二つ、なぜプレゼントの交換が重要な意味をもつのか？

三つ、なぜ贈る相手が子どもなのか？

クリスマスはもともとゲルマンの冬至祭。太陽信仰のゲルマン人をキリスト教に改宗させるため、〈太陽の死と再生〉に〈キリストの死と再生〉を重ねあわせ、日がもっとも短くなる冬至をキリストの聖誕祭とする風習が生まれた。

でも、子どもにプレゼントを贈るのはなぜ？　一見あたりまえのようだけど、ここには実は〈冬至〉という特別な時間の魔法がひそんでいる。

太陽の力がもっとも弱まる冬至は、この世の生命力が枯渇して、あの世（霊界）とのバランスが崩れる時でもある。そこで、あちら側の存在である先祖の霊にたっぷり贈り物や御馳走をふるまい、この世界に大きな愛と生命力の流れをつくりだして、失われたバランスを回復する必要がある。

そのとき目に見えない死者（霊）を演じてプレゼントを受けとるのが、まだ半ば霊界の存在である〈子ども〉というわけだ。

冬至はこのように異界に触れる通路がひらくときであり、大きな愛の行為に参加してゆく機会なのだ。

だれかのことを考え、この世界に想いをはせながら、私たち一人ひとりが〈贈り物〉というメディアを通じて、この世界の失われたバランスを再生してゆく。

キャンドルの灯をともすことは、そうした宇宙的な贈与の行為のシンボルにほかならない。

ちなみに日本語の〈ヒ〉という言葉には、こうした普遍的なコスモロジーの残響を聴きとることができる。

〈日〉〈陽〉〈火〉はすべてエネルギーの根源であり、それが生命に宿ると〈霊〉(ヒ)。男の子なら〈ヒコ〉、女の子なら〈ヒメ〉――総じて〈ヒト〉となり、その〈ヒ〉を増幅する儀礼を〈ムス／ヒ〉(結び)という。

この〈冬至キャンドルナイト〉を、小さな火の連なりで日(太陽)の再生を祝い、この宇宙に大いなる霊(ヒ)の流れと人の絆を生みだしてゆく〈結び〉の時間としようではないか！」

竹村さんは、文化人類学的な観点から、キャンドルナイトにさまざまなアドバイスをしてくれた。

環境省とのコラボレーションもうまくいった。環境省は温暖化防止対策の一環として、「環の国暮らし会議」などをやっていたが、その関連性から後援してくれることになった。

私が東京タワーや札幌の時計台のようなライトスポットも消灯したいという夢を語ると、

「個別に依頼するより環境省からタワー協会に通達を出しましょう」といってくれたのだった。

ついでに、新宿の高層ビル群の電気も消したい。損保ジャパンに勤める友人に話をするとおもしろがってくれる。環境省からも「夏至の日は八時に電気を消しましょう」などと通知がいき、社員は帰宅してキャンドルナイトをやろうという動きが出たりする。松下電器やNECなどの大企業にも、そして、さらにレストランなどにも声がかけられ始めた。

最初は歯切れの悪かった生協や労働組合、農協なども運動が広がりを見せると協賛してくれるようになった。一つ一つ、うまく歯車が回り出した。日本全体にキャンドルナイトは大きなうねりとなって広がっていった。

◉つぎの一歩——フードマイレージ運動

こうして、二〇〇三年六月二二日夏至の日に行われた第一回目の「一〇〇万人のキャンドルナイト」では、全国二二七八か所のライトスポット施設が午後八時に消灯し、前後数日間に何らかの形で二時間電気を消してキャンドルナイトに参加した人は五〇〇万人(環境省調べ)となった。二〇〇四年には運動がさらに広がり、六〇六五か所のライトスポット施設が消灯、イベント数は二三八、参加者六四〇万人。そして二〇〇五年は、二万二〇〇〇か所が消灯し、参加者が六六四万人となったのである。企業が会社ごと参加する例も多く、コンビニエンスストア、レストランなどの参加も目立った。居酒屋「ワタミ」も会社あげての参加だった。

海外への呼びかけは、主に呼びかけ人代表の一人、枝廣淳子さんが受けもった。二〇〇四年には、小さな動きだったがドイツ、トルコなどのNGOが呼びかけに応えてくれてキャンドルナイトを実行してくれた。二〇〇五年にはさらに呼びかけを広げ、世界一六〇か国に発信した。中国の上海や韓国のソウル、イギリスのロンドン、ドイツなどから「キャンドルナイトをやりましたよ」というメールがつぎつぎと寄せられた。

世界中にこの運動が広がれば、夏至の日の夜、時差によって地球に「暗闇のウェーブ（波）」が起きるはずだ。そのウェーブを宇宙からとらえたい。本心をいえば、最初に電気を消す行動を起こしたアメリカNGOの目的である「ブッシュへの抗議」が地球全体にウェーブとなり「ブッシュに一泡吹かせたい」。

この荒唐無稽な夢をだれ彼となく語っていたところ、「日本上空からの写真なら手に入りますよ」という人が現われた。名古屋大学が、アメリカの軍事気象衛星から送られてくる画像を解析する仕事をしているのだという。日本の上空をその日の夜八時から一〇時までに飛ぶ衛星は一つしかない。その画像を購入できることになった。毎年、この画像がHPに掲載され、キャンドルナイトで都市の灯りがやや暗くなることが確認できている。

「一〇〇万人のキャンドルナイト」は、さまざまな人がさまざまな形でアイデアをだし、創意工夫し、協力し、おもしろい動きがつぎつぎに起きてくる。とても関連性があるとは思わないところとつながりができていく。その人、その年、それぞれのキャンドルナイトが楽しみになっていけばいい。

私たちはステージを用意しているにすぎない。だが、同じステージに乗り、同じ時間に電気を消す行為を実際にした人は、そこで何かしら日常と異なる感情や意志をもつ。なかには皆がやっているからと付和雷同的に参加する人もいるだろう。だが、実際に電気を消したとき、その人々の心にも日常とちがう静かな思いが生じるはずだ。

現代は、人の関係性が分断されてしまっている。その関係性を修復することなく、上から啓蒙したり扇動しても、人びとは動こうとはしない。人びとは、決して政治や社会に無関心なわけではない。自分と社会、自分と地球、自分と隣にいる人がどうつながっているのか見えていないだけなのだ。投票しようとか、反原発だとかお題目を並べられても、政治家や活動家自身の人間性に不信感をもったり、希望ある未来や人とのつながりの具体性を見せてくれないことに幻滅し、白けているだけではないだろうか。

キャンドルナイトに参加するには「自己決定」というハードルを一つ越えなければならない。決定を促す何らかの動機が必要なのである。原発反対の思いかもしれないし、世界平和の願いかもしれないし、現代文明や自分たちの生き方を反省する気持ちかもしれない。その動機は何であっても、実際に行動したことが日本中の人びとや世界に、そして地球そのものにストレートにつながっているという実感、そのことが人びとを感動させるのだ。その、ごくゆるやかな連帯感がつぎの行動を自己決定する勇気になると私は確信している。

環境省の後援を得たことがきっかけで、私たちはつぎなる運動にもとりかかっている。環境省が予算請求をしたさい、財務省から「二時間電気を消したぐらいで、いくら二酸化炭素が減るんだ」といわれたそうだ。なるほど、それでは運動の広がりを数値化してやろうじゃないかと、まずは「フード・マイレージキャンペーン」という運動を始めた。

フード・マイレージとは、食べ物がとれたところから食べるところまで運ばれる距離のこと。できるだけ近くでとれたものを食べると、輸送で排出されるCO_2（二酸化炭素）が節約できる。環境にもやさしい。そんな生活をもっと楽しんでみませんか、と呼びかけている。

運動は、楽しく、だれでも気軽に参加できるものにしたい。何を食べたら、何をやったら、どれだけCO_2を減らせるのか。毎日の工夫を数字で実感できるように、大地を守る会では「ポコ(poco)」という新しい単位を考え出した。ポコ(poco)とは、スペイン語とイタリア語で「poco a poco」で「ちょっとずつ」という意味。CO_2であるドライアイスがポコポコと水から泡を出しているようすも連想させる。ちょっとずつ生活に工夫をしてみませんかというメッセージがこめられている。

例えば、食パン一斤（三六〇グラム）を外国産小麦からつくったものでなく国産小麦のパンなら、減らせるポコは一・五ポコである。豚肉二〇〇グラムなら、一・四ポコ、牛肉なら、〇・五ポコ、国産アスパラ一本（三〇グラム）なら、四・一ポコ、いちご五個（四五グラム）なら、輸入物に比べて六・二ポコ減らせる。

環境省などが、生活の工夫でCO_2を削減しようと呼びかけているが、クールビズの目標でもある冷房を二七度から二八度にしても一日〇・五ポコ節減できるだけ。テレビを一時間消しても〇・四ポコ、お風呂の水を洗濯にまわしても〇・五ポコ、長時間使わないとき電気のプラグを抜いても一日二・四ポコしか減らせない。それに比べて、毎日の食卓で国産のものを食べるように心がけるだけで、それらの工夫をはるかに超えるCO_2が削減できるのである。

環境負荷を数値化し、その数字を例えば自動車会社に使用してもらおうなど、アイデアがいろいろでてきている。

2――事業と運動を両輪にして進む

◉社会に新しい受け皿を用意する

大地を守る会設立以前に、農薬公害を知った私は、なんとか解決できないものかと思案した。それまでの私は、社会的な問題に立ち向かう告発・糾弾型の運動に身を投じていた。だが、そうした運動では多くの場合、自己満足に終止してしまう苦い経験がある。農薬公害に取り組むとすれば、農薬の危険性を世間に訴え、実際に使用する農民に向かって農薬を使うなと糾弾するだけですむのだろうか。

農薬会社や農協を告発するだけでは解決の道は遠い。農民に無農薬でつくれといっても、つくった野菜をだれも買わなければ、その時点で農民は暮らしていけなくなるのだ。

農民が農薬公害に悩まされずに暮らし、農村の文化や環境が引き継がれるためには、生産・流通・消費の三段階を整える必要がある。

生産段階では、農薬を使わなくても農民として暮らしていけるだけの生産技術の研究を進めていかなければならない。具体的には天敵や拮抗作物の利用などだ。

流通段階では、既存の農協や市場のトラックは受けつけてくれないので、新たな配送方法、まったく新しい流れが必要だ。

消費段階では、虫食いや欠品などがあり、「お日さまや畑の都合に合わせて食べる」考え方を消費者に理解してもらう必要がある。目先の安さだけを商品の価値観にせず、中身を評価する姿勢が必要だ。

つまり、既存の社会にあるものとはまったくちがう新たな「受け皿」を用意しなければ、農薬公害解決のための運動、すなわち有機農業運動は一歩も前進しないのだった。

大地を守る会の設立とはこの社会に受け皿をつくることだった。「農薬の危険性を一〇〇万回叫ぶよりも、一本の無農薬のダイコンをつくり、運び、食べることから始めよう」を合言葉とし、実践していくことが農業公害を追放する道だと考えた。

この考え方が、その後すべての活動に一貫して反映された。社会的な運動をする場合には、たえず、既成のものに代わる解決策を探し提案する。そして提案だけではなく、こうありたいという理想を、どんなに小さくても現実の姿にし、経済的に自立できる仕組み、モデルをつくるようにしてきた。

第4章で詳述する、ロングライフミルク反対運動と大地パスチャライズ牛乳の実現は、とくにこの考え方を表わす例である。

◉小さくても経済システムを確立させる

どんなによい主張をもつ運動でも、「いいことだけど、理想と現実は違う。夢を追っても現実は甘くない、食べてはいけない」というギャップが生じてしまえば、継続は困難だ。私たちは、持続可能な組織、自立した運動をめざした。自立とは、端的にいえば、「食っていける」ことであり、社会的な物質力を内部で創出しつづけることが可能でなければならない。

そう考えて、事業を運動と同じように大切にし、「運動と事業を車の両輪のようにして進む」ことを方針としてきた。具体的に、大地を守る会は、市民運動をする部門と農産物の宅配や卸しなどの事業をする法人の部門の二つによって成り立っている。

設立数年後に事業部門を株式会社化した経緯については、第3章で述べるが、法人の形式にはとらわれず、誤った経済主義や偏狭な共同体主義に陥ることなく、現実社会のまっただ中で、運動の広がりをめざそうとしている。

「こうやれば、ありたい社会に近づけるのではないか」という解決策を示し、そこで人びとが生き生きと暮らせるような新たな事業を起こし、経済システムを確立する。まずそうやって理想を具現化してみて、矛盾や問題は、動きながら解決していく。それが、私たちの運動スタイルとなったのだった。

私たちが関わってきた有機農業運動は、無農薬の農産物を生産、流通、消費しさえすればいいというものではない。根底に、今の日本社会のあり方を見つめ直し、異なる価値観に支えられた新しい社会にしていきたいという願いがある。

現代日本は、工業を基盤に金融業や流通業、サービス業、情報通信業が社会の中心となり、効率と生産性が過剰に重んじられている。効率や生産性も全否定されるものではないが、度が過ぎれば人間性疎外などの問題も生じる。経済最優先で、コストの高い「割に合わない」事業は淘汰され、弱肉強食化が進む。

こうした工業的な価値観にもとづく論理が農業にもあてはめられてきた。広大な農地で農薬を使った大規模農業を営めば、効率よく食糧生産ができるというのだ。

そもそも食べ物は「生命」である。生命とは、決して均質なものではなく、凹凸があったりグニャグニャしていたり、すぐに変質したりする。異質や不純なもの、人間の知識では測りしれないものを抱えている。人間の手に負えない「不可思議な」ものだ。均質なものをめざす工業のラインに「生命」を載せたら、欠陥だらけとされて、はじかれるだろう。欠陥部分とされる部分にこそ、おもしろさや味わい、親しみ、趣きといった無限の価値が存在するのではないか。

生命に関わる産業に、工業の論理をもちこむと、さまざまな無理が生じてくるのだ。農薬と化学肥料で自然を支配しようとすれば、確かに作業は楽になるだろう。ところが、生命をいただき人の生命をつないでいくはずの食べ物が、生命をおびやかす危険な代物になるという矛盾が生じてしまう。多くの現代人にはもはや「生命をいただく」という感覚はなく、商品として並ぶ「食品」を摂取しているにすぎない。土から遠ざかり、生命とは無縁のものばかり食べていれば、生命力が弱くなるのも当然かもしれない。

水や空気、大地、森林がなくては人間は一瞬たりとも生きていけないにもかかわらず、自然環境をないがしろにし、傷め、消費しつづけている社会は、ゆっくりとしかし確実に人間自身の首を絞めている。地球温暖化、オゾン層破壊、酸性雨などはその一つの現象だ。現代文明を支える石油もいずれ枯渇する。

「生命」に照準を合わせたとき、今とは異なる社会の姿が見えてくる。資源を収奪し消費しつくす社会ではなく、水や空気、大地、森林を中心に据えた持続可能な社会だ。

大地を守る会が思い描くのは、農業・漁業・林業、つまり第一次産業が大切にされる社会である。しかも、その第一次産業は、工業の論理ではなく、自然のサイクル、風土の特徴、先人が得てきた知恵、倫理観が活かされるものでありたい。

工業をまったくなくせというわけではない。最新のテクノロジーを否定しようとも思わない。大地を守る会の活動は、テクノロジーを積極的に活用してきた。ただ、あまりに行き過ぎたところ、工業の論理だけで世界や人間の暮らしを測ろうとしてきた考え方に修正を加え、社会を組み立て直していきたいと願うのである。

◉「ありたい社会」のモデルをつくる

私たちは、設立当時から、新たな価値観にもとづく社会を思い描いてきた。農業や食べ物以外に、社会を構成する多くの要素の再検討が必要だ。学校、病院、高齢者施設、出版社、建築会社、田舎暮しのためのディベロッパー、交流を進める旅行会社など、数えあげていくと四〇程度の分野となる。それらの分野に一つずつ、私たちの価値観によるモデル事業、「ひな形」をつくっていきたいのである。教育や医療などの問題に精通している人たちと連携しながら、現行のシステムがかかえている問題点を解決し、よりよいシステムを考えていきたいのである。

手間がかかりすぎ、生産性が低いといわれてきた有機農業を実践し、売れるはずがないといわれてきた虫食い、泥つきの野菜の生産・流通・消費のシステムを小さいながらもつくりあげてきた大地を守る会は、新しい社会の一つのモデルを提示できたと自負する。

このモデルと同様に、四〇程度の分野でモデルをつくっていき、「生命を中心に据えた価値観をもつ社会」のあり方を提示するというのが、私たちの夢である。

四〇の分野には「ディベロッパー」もある。この言葉をきくと、多くの人は、山を削って道路や大型のレジャー施設、大量の味気ない分譲住宅をつくる「開発業者」をイメージするだろう。「Development」は、自然破壊と同義語のように思われている言葉かもしれない。

だが、数年前、タイの農村に行ったとき、「Development」はタイ語では「開発」と「調和」の両方の意味をもつ「バタナー」と訳されると聞いた。タイ人は、「バタナー」というと、「自分自身や村の成長・進歩」をイメージするという。

この話をスイスから帰った友人に話すと、友人もスイスの子どもに「Development」という言葉から何をイメージするか聞いたことがあるという。一人の子は、「サナギが蝶になることでしょう?」、別の子は「子どもが大人になる意味だと思うわ」と答えたのだそうだ。

確かに「Development」には「成長、発達」という意味があるのだが、私たち日本人は、狭義の意味に限定した「物的な開発・発展」だけを思い浮かべはしないだろうか。日本社会の発展の仕方そのものが、「物的な開発・発展」に夢中になり、人間関係や心の成熟といった、本来の社会的成長を置き去りにしてきたことを象徴しているようだ。

同じ「Development」でも、山や川や風の向きを考え、それらと調和する暮らしのあり方を思い描き、人の心を和ませる建物を建て、他の建物と連携する道のつくりを考え、地域全体が自然と調和し人びとも暮らしを楽しめる集落をつくっていくやり方もあるはずだ。

新たな社会の「Development」は、どうすれば自然への負荷を最小限にとどめた暮らしができるかを考えつつ、人びとが地域で生き生きと暮らせるあり方を追究したい。

3——第一次産業と地域のつながりを大事にする社会

◉北イタリアのスローフード運動

二〇〇四年一〇月に、大地を守る会の会員とともに、北イタリアを旅した。その折に、加工業者が果たす役割や食文化について、深く考えさせられた。

北イタリアは、スローフード運動発祥の地だ。一九八六年、ローマにマクドナルドが出店されることになり、反対運動が起こった。食の画一性、グローバリズムに流されることなく、地域の食文化、伝統的な食材を守ろうという運動が、北イタリアのブラという小さな町から起こった。それがスローフード運動の発端だ。

北イタリアには、ワイン、チーズ、ハム、ソーセージ、サラミ、アンチョビなどさまざまな特産品がある。私たちは、ブドウ畑やワイナリー、畜産農家、チーズやハムなどの小さな加工場を見学しながら、農民たちの話を聞いた。

農民たちの、農業に対する姿勢は一貫しており、つぎの四点に集約されていた。

❶――動物のエサも含めて、なるべく地域での自給自足をめざす。
❷――伝統的な在来種を大事にする。
❸――伝統的な加工技術を大事にする。
❹――食べ方、食材の旬など土地の食文化にこだわりをもつ。

❶と❷については、日本の有機農業者もめざしていることだ。ところが、❸と❹については、日本では農産物を受け取る消費者の分野とされている。農業者は、農産物を生産することに専念し、それがどのように食べられるのかについては、あまり関心がない場合が多い。

ところが、北イタリアの農民たちは、❸と❹の加工の仕方や食文化が保たれてこそ、❷の在来種を守ること、さらに自給自足も実現できるというのだ。

例えば、ピエモンテ州には、数百年前からつづくブドウや牛、豚、野菜の在来種がある。畜産農家は、自分たちの牛や豚が、どのような料理で食べられるか、どう加工されるのか、明確なイメージを描きながら仕事をする。「ウチの豚は、Aさんのニンニクやハーブを使って、Bさんの加工場でおいしいソーセージになる。そして、Cさんのワインと一緒に味わってもらいたい。そのあとにDさんのチーズを取りあわせると最高だ」という具合だ。調理人が食材を選ぶのは当然だが、食材の生産者のほうも、食べ方に一家言もっているのだ。

食材の加工の仕方、適切な料理法が長い年月をかけて工夫され、伝えられている。さらにいえば、その土地の気候風土に合った技術や道具が伝えられているから加工技術も成り立っている。調理法、加工や保存方法があってこそ、在来種は守れるという言葉を何度も聞いた。

伝統の食文化というゴールからさかのぼり、調理法や加工技術があり、小さなワイナリーや工場があり、種を守る生産の現場があって、初めて自給ができる。その流れが地域内で一本の線につながっていること、そのつながりを、農民たちがごく当たり前に認識していることに、私は感動を覚えた。

ひるがえって日本の農業を考えると、農作物をつくる現場、畜産物の現場、加工の現場、消費者の食卓、全部がばらばらになっている。有機農業運動でも、例えば、豆腐や納豆、漬物など日本の伝統的な食文化に関して、材料の大豆や食塩へのこだわりはあるし、無添加にするなど加工方法にこだわりはあるが、加工場となると、設備の整った企業に頼むことが多い。地域のなかで、小さな加工業者を有機農業運動の仲間として育て、共に食文化を守ろうという総合的な運動になっていなかった。

生命を大事にする心豊かな社会をめざす有機農業運動の主旨をまっとうするには、生産の現場で質の高い農産物をつくり、都市の消費者と直接提携するだけではなく、地域食文化を加工場や調理人と一緒に考える面的な広がりをもつ視点も必要だ。地域内の好循環ができて風土を活かした食文化が育つ社会が実現するとき、農業もより豊かさを増すだろう。

◉伝統と「今を生きる感動」が両立する生き方

バリ島の農民を訪ねたときには、暮らしぶりの豊かさに感動した。暮らしぶりといっても、もちろん、物質的なことではない。

バリは日中非常に暑い。農民は夜が明ける前に田んぼや畑に出る。太陽が昇り始める八時か九時には家に帰る。太陽が沈みかかる四時か五時ごろまた田んぼや畑に行き、日が暮れると帰ってくる。

では、昼間は何をしているか。寝ている人もいるかもしれないが、大方の農民は、踊りやケチャと呼ばれる歌の練習をしたり、絵を描いたり、織物や染め物、焼き物をつくったりしている。バリの舞踊や音楽、絵画や工芸など文化のすばらしさには目を見張るものがある。世界中から高い評価を受けるそれらの文化の担い手は、じつはすべて農民なのだ。

とくに舞踊やケチャのレベルは高い。専門の舞踊家といっても決しておかしくない。現に、バリでは、物心ついたときから、舞踊やケチャの基本を教えるそうだ。目の動き、指先の動き、首、腰、徹底して基本をくり返す。寸分の狂いもなく正確にできるまで訓練するのだ。この子どもたちは、両親と同じように田んぼや畑に出ていき、農民となる。

田んぼにはカエルがいたり、稲の花が咲いたりアメンボが泳いでいたりする。生命に触れることは、小さな子どもにとっても、大人にとっても心が震え、感動するできごとだ。あるいは人に出会い、話をする。珍しいことを聞けば感動する。朝日や夕日、雲の動きにも感動する。

そうした感動、驚き、喜びを、昼間、舞踊で表現する。基本動作は確実にできており、そのうえで、今日どんなことがあったかを表現していくのだという。

「私たちは、伝統芸能をただ踏襲しているわけではありません。毎日創造しているのです。私たちは農民です。生命に触れる機会の多い農民だからこそ、指の先、目の動きに生命感が宿るのです。これが、世界中の人たちが私たちの踊りを見にきてくれる最大の力だと思います」

確かに、日本の田んぼや畑も、感動に満ちている。

大地を守る会の農民たちの勉強会に参加する機会があった。テーマは「雑草対策」。除草剤を使わないでコメづくりをすることは大変なことである。農家の人たちは、さまざまな工夫をこらして雑草対策に取り組んでいる。合鴨を田んぼに放したり、紙マルチやコメヌカを田んぼ一面に張ったり、涙ぐましい努力をしている。

私が驚いたのは、無農薬で何年もコメづくりをつづけた田んぼに発生するイトミミズの話だった。農薬を使わないと、田んぼにはいろいろな生物が生息するようになる。ドジョウもタニシもクモも増えてくる。こうなれば、無農薬の田んぼとしては本物だ。なかでも、イトミミズが大量に発生する田んぼになれば、本物中の本物だという。優れた田んぼには、一反当たり六〇〇〇万匹ものイトミミズが生息するようになる。

このイトミミズ、大量に発生すると抑草効果が出てくるというのだ。体長七ミリから一〇ミリのイトミミズは、頭を泥の中に突っこみ、お尻を上に向けて生活している。泥の中から栄養分をとり、天に向けたお尻をプルプル振ってウンチを吐き出す。逆さになったイトミミズが、まるでフラダンスを踊っているようだ。六〇〇〇万匹のイトミミズが毎日毎日これをやりつづけ、一〇日も経つと、田んぼの上面に八ミリほどのウンチの層ができる。このウンチ層は、発酵して無酸素の層になる。こうなれば、雑草の種が田んぼに入っても発芽しない。こうしたメカニズムで抑草効果が出てくるのである。

なんというドラマだろう。自然、生命にはいつも驚きが隠されている。昔の人は、こうした自然界の営みを注意深く観察し、それを工芸や芸能、芸術に取り入れたのではないだろうか。イトミミズのフラダンスは、祭のときの踊りの原型になったかもしれない。田んぼの水の底に林立するイトミミズの動きは、織物の模様や焼き物の図案に取り入れられたのかもしれない。

日本においても、バリと同様、伝統工芸も芸術も、もともとは農民たちの農作業から生まれ、生活のなかで発展してきたものだろう。収穫を喜ぶ祭のための踊り、劇、そしてその衣装、生活に必要な家具、道具、身につける飾りなど、すべて農業や漁業と結びついている。

だが、日本ではその伝統工芸が存続しにくい社会になってきた。伝統工芸だけでは、食べていけない環境になっている。日本の農業もまたグローバリズムに押されて元気がない。

そこで、伝統工芸や伝統芸能を守ろうとか、農業を守ろう、第一次産業を守ろうという声があがる。かくいう私たちの組織の名は「大地を守る」であるが。

「守る」とはいったいどういうことなのか。過去の踏襲や現状維持、外部からの攻撃を避ければいいのだろうか。どうもそういう消極的な姿勢では、守ろうとしても現状維持さえかなわないのではないだろうか。

バリの舞踊のように、生命から得た感動を表現し、基本の所作のうえに毎日創造する。そのみずみずしさがあってこそ、伝統は衰退せずに、より豊かに発展していけるのだろう。

日本農業を守ろうというさいも、ただ昔のやり方を踏襲していればいいわけではない。その時どきの気象を観察し、今日の作業を自分で決定し、新たな技術や生産方法を工夫する。気候風土や基本的な農作業のうえに、そういう創造的、革新的なものを加えていくことで、農業は誇り高く守られていく。

「今を生きる感動」を農民自身がもつことで、農民自身が輝き、「ああいう生き方がしたい」と若者が集まってくるだろう。

第2章

無農薬野菜を売りたい一心で「大地を守る会」を立ち上げる

1――立ち上げ前夜

◉こんな社会はおかしいじゃないか！　一九六〇年代

一九六〇年代後半、後の「大地を守る会」の設立メンバーは、私を含めて皆、大学に在籍していた。当時の私たちは、農業や食べ物のことなどにまったくといっていいほど関心をもっていなかった。まして、後に野菜を売る組織を立ち上げることなど予想だにしなかった。

勉学一筋だったわけでもない。ベトナム戦争反対、日米安全保障条約反対、国家権力に対する糾弾、大学改革などを仲間たちと論じ行動する、つまり学生運動に忙しかったのだ。

後にマスコミでは、大地を守る会の設立メンバー全員が学生運動の活動家であったと強調されることも多かった。とくに初代会長となった故藤本敏夫氏は反帝全学連委員長をつとめ、安保闘争の折投獄され、歌手の加藤登紀子さんと獄中結婚をしたことで有名だった。「活動家くずれ」がゲバ棒の代わりにダイコンを手にしているなどと揶揄《やゆ》されることもあった。

私たち自身にとって、活動家であったことは、ことさら誇るべきことではないし、隠すことでもない。大地を守る会が誕生するその由来には、一九六〇年代後半から一九七〇年代前半の時代背景が大きくからんでいることは事実だ。また、設立後の三〇年間、経営的に苦しかったり、猛烈な批判にさらされたりといった危機に直面しながら、一つ一つ乗り越えどうにか続けてこられたのは、この時代の理想と挫折感、心理的葛藤をそのままにしておきたくないという意志が大きかったかもしれない。

第二次大戦後、日本の世相は急速に変化し、便利で刺激的な社会が出現した。その光に満ちた姿の裏で、アメリカによるベトナム戦争や公害が起きている現実に対して、「こんな社会はおかしいじゃないか」という抵抗感、「だったら自分たちはこんな社会をつくりたい」という想像力や希望が、大地を守る会の活動を支えてきた。

会設立前夜の世相、私の状況を語っておきたい。

◉悶々とした日々　一九七〇年

私は、岩手県の稲作農家の次男として生まれた。実家は農家でありながら、父は公務員となって農業をせず、母が人を使って農業をつづけていた。毎日私は山や川へ行って遊んでいた。お菓子などという甘いものは、ほとんど口にすることがなかった。その代わり、家の周りや近所の山には四季折々いつでも何らかの果物があった。遊びに出かけるときはいつも、両方のポケットにぎっしりと煮干を詰めこんで出かけた。煮干だけは、いつも台所にふんだんにあったのだ。お腹が空くと、煮干をポリポリ食べて一日中、外で遊ぶのである。ときには、川の近くのラッキョウ畑に忍びこんで、ラッキョウを掘り、川の水で洗って、持参した味噌をつけて食べたりした。スイカやトマトを失敬したこともある。毎日が楽しかった。

高校は、地元の県立水沢高校に進んだが、勉強はそっちのけでバスケットボールの練習に明け暮れていた。当時の水沢高校のバスケットボール部は黄金時代で、県の大会ではいつも優勝を争っていた。三年のときには主将となって二八連勝もし、国体やインター杯にまで出場した。つまり当時の私は、バリバリの体育会系の学生だった。

あるとき、日高六郎という当時東京大学の先生だった人が書いた『1960年5月19日』という本を読んだ。日米安保条約が国会を通過する前後の社会状況をドキュメンタリーふうに書いた本だった。一〇〇万人を超える学生、市民、労働者が毎日のように国会を取り囲むようすが克明に描かれていた。体育会系の私だったが、読み進むにつれ若い胸を義憤でいっぱいにしていった。当時は気づかなかったが、私はこの本に潜在的に大きな影響を受けていたのである。

一九六六年四月、上智大学に入学した。すぐ私は、上智大学新聞というクラブに入部した。田舎の高校から出てきて、右も左もわからなかったが、何となく将来新聞記者になるのもいいかな、くらいの軽いノリで入部したのだった。ここが後に、上智大学の学園紛争の拠点の一つになるとは想像もしていなかった。入部のとき、先輩に身上調査書のようなものを書くようにいわれた。名前、住所、出身校などの欄があって、「尊敬する人」という項目があった。私は、岩手県出身だし、ここは無難に「宮澤賢治」と書いた。「親」とか「高校時代の恩師」というのも頭に浮かんだが、文学的でありたいという見栄もあって「宮澤賢治」と書いたのだった。隣にいた同じ入部希望の学生の調査票を見るともなく覗き見て、私は腰を抜かすほどびっくりした。彼は、その欄に「ヒトラー」と書いていたのである。「ヒトラー!?」何ということだ。あのユダヤ人を六〇〇万人も殺した人間を「尊敬する人」にあげている。東京にはすごい奴がいるもんだ。少なくとも、私の高校時代の仲間には、尊敬する人に「ヒトラー」をあげる者はいない。いつまでも田舎者ではダメだ、一日も早く都会の感覚にならなくちゃと心に固く誓った。

こうして、純粋な気持ちで私の学生生活は始まったのだが、社会は大きく変わろうとしていた。私の頭の中には、あの『1960年5月19日』に描かれていた国会周辺の巨大デモの渦が浮かび始めていた。

私は、大学二年の四月に上智大学新聞の主幹(発行責任者)になった。始めのころは穏便な文学論や哲学的な話題も書いていたが、しだいに大学の自治をめぐって大学当局と対立する論陣を張るようになっていった。当時、上智大学では学生の政治活動が認められず、違反する学生には停学、退学処分がくり返されていた。大学の内も外も騒然となっていた時期である。「大学の自治を守れ」、「ベトナム戦争反対」、「日米安保条約反対」など、さまざまなスローガンがキャンパスにあふれていた。

東京大学や日本大学では、信じられないほどの学生が連日デモ行進をしていた。早稲田、法政、明治、中央などの大学は、つぎつぎとバリケード封鎖されていった。上智大学新聞はそのようすを伝え、上智の学生も決起しようと毎号書き立てたのである。

ついに、上智大学にも全学共闘会議が結成され、バリケードが築かれる。結局は、機動隊導入によって学生たちは強制的に排除されるのだが、私は闘いのたびに過激になっていった。

一九六〇年代後半から一九七〇年代にかけて、日本のみならず世界中で、いわゆるスチューデントパワーが吹き荒れていた。まず、泥沼化するベトナム戦争に対する反戦運動が、国際的な規模で高揚していた。加えて、アメリカでの公民権運動、黒人解放運動につづく黒人運動指導者キング牧師の暗殺、「プラハの春」と当時のソ連によるチェコ侵攻、中国では「文化大革命」など、大きな事件が相ついでいた。

一九六八年には、フランス、パリの学生街カルチェラタンで大学改革を訴える学生二万人がバリケードを築き、約一一時間にわたって警官隊と衝突。労組のゼネストへと広がり、当時のドゴール大統領を退陣直前まで追いこむという「五月革命」が起こっていた。ちなみに、フランスでは、その後一九八一年に左翼政権が誕生したが、五月革命当時の元活動家らが、政権周辺に入り、社会的発言力を保ったという。

こうした世界の動きに強く刺激されたこともあり、日本の多くの大学でも一部の学生が過激な運動をくり広げていたのだった。学生が先導して世の中をひっくり返すような革命を明日にでも起こそうという意気ごみだった。

しかし、学生運動はしだいに内部抗争を深め、仲間同士で攻撃しあい、連合赤軍の例に見るごとく殺しあいにまで発展するなど悲惨な方向へと走っていく。やがて、ノンポリと呼ばれる一般の学生や世の中の広い支持を得られないまま、孤立化し力を失っていった。

理想に燃えていた仲間の多くが挫折感を抱えたまま活動をやめた。大学を卒業した活動家のなかには、開き直って今まで糾弾の対象であった大企業に就職した人もいるが、多くはごく小さな会社に潜りこんだり、仲間と出版や映像の仕事を起業したり、今でいえばフリーター状態で過ごしたり、放浪の旅に出たり、というように、いわばアウトサイダー的な存在として道を模索していた。

私も一九七〇年に大学を出るとすぐ、小さな出版社に就職した。その後は、いわゆる普通の生活が始まった。通勤電車に乗って会社に行き、数時間仕事をしてまた電車に乗って帰って来る。月末には給料を手にして暮しをなんとかやりくりする。ともかく食い扶持《ぶち》を稼ぐことが最優先課題となっていた。

学生時代、世の中の矛盾を糾弾し、大国主義に反対し、特権階級だけがうまい汁を吸う仕組みの国家を打倒し新しい社会をつくろうと、多くの学生に呼びかけていた自分が、こうして社会の歯車の一つとして飲みこまれている。出版社の仕事はそれなりにやりがいもあったし、元来、楽観主義の私だったが、やはり強い挫折感があった。

しかし、自分の力で生きようとすれば、毎日働いて、ときには気に入らない取引先のいうことを聞き、気の進まない仕事でもこなすことは当たり前の現実なのだ。学生時代には「生活」がなかった。親の仕送り、奨学金、限られた時間でのアルバイトによって生かされており、自分の足で立っているとはいえなかった。それだからこそ、若者の特権として純粋な目で世の中を批判することもできる。怖いものもなく矛盾点を突いて大言壮語することもできたのだが、頭で考えて展開する理論では広く社会の共感が得られなかったのも無理はない。

この若者特有の純粋さは、運動特有の純粋さと重なる。何かに対して、真面目に取り組めば取り組むほど、思想は純化されていく。理想と合わないものを攻撃し、排除することになる。そうなると、せっかく共通の目的をもって一緒に闘っているはずの仲間でも、ちょっとしたズレも許せなくなっていく。純粋であろうとし、少しでも妥協することは「悪」のように思ってしまうのだ。かくして、近親憎悪のように仲間同士での批判合戦や闘いが激化することになる。

火炎ビンや催涙ガスの飛び交う騒乱のなかで心身ともに傷つき、長く後遺症に苦しむ仲間もいる。彼らに対してだれが責任をとるのだろうか。主張にまちがいはなかったにしても、いったい何をしてきたのかという思いと、それでもなお、今現在の自分の生活は、本来自分が望んでいた姿ではないという思い。そのジレンマのなかで、本当は何をしたいのだろうと悩み、夢破れた日陰者という自虐的な意識をもちながら悶々としていた。

◉高度経済成長とそのかげり　一九七三年

悶々とした私たちの日々とは裏腹に、日本全体はお祭騒ぎさながら明るさを増すように見えた。一九六〇年代、当時の池田勇人首相が所得倍増計画を掲げた。それを契機に一九七〇年代にかけて高度経済成長がつづいた。ありとあらゆるモノが日本全国で大量に生産され、必要以上に明るい大型店の店内に大量に並べられ、人びとは夢中で買いつづけ、海外にも大量に輸出された。大量生産・大量消費、つまり工業が日本の成長の支えだった。

「大きいことはいいことだ」という広告コピーが時代の気分を表わし、多くの人びとは、大量のモノこそが価値あるものだと思っていた。戦後の極度の物不足、食糧不足を経験した世代にとって、モノが十分にあることは大変ありがたいことだというのは想像に難《かた》くない。しかし、人間の欲望には限りがなく、必要十分を超えて、つぎつぎと新製品や珍しいモノを求め、豪華な贅沢品に囲まれたハリウッド映画に登場するような派手な生活、物質的な豊かさを追い求めた。そして、日本の右肩上がりの成長が永遠につづくと思われた。

労働力としての若者が、農村漁村から都市へと大量に移動し、都市は肥大化していく。「時代遅れの農業」は、食糧増産を目標に、農薬と化学肥料を使い、少ない労働力でも効率良く生産できる「近代的な農業」に転換を迫られた。また、第一次産業より、工業、さらにはサービス業というように産業も高次化するのが社会の発達なのだという価値観が定着していった。

かくいう私も、農家の次男坊でありながら、ふるさとを捨てて東京の大学に進学した。長男が農業を引き継ぎ、次男以下は外に出ていくのが当然とされていたが、東京への憧れが強かった。ハリウッド映画よりもう少し身近な日活映画を地方都市の映画館で見ては、自分の周りとはまったくちがう環境におおいに憧れたわけである。

東京に行けば、小林旭や浅丘ルリ子のようなキラキラした人たちがいっぱいいて、自分もその輪の中に入れるのだろうかと夢見ていた。しかし、実際に上京してみれば、映画の世界はやはり虚構であり、東京でも現実はそんなに毎日がキラキラしたものではない。やがて、世の中の大きな矛盾に気づいて、あの学生運動の日々に身を投じたのだった。

確かに、経済大国への道を突っ走る裏では、日本中のあちこちで歪みが生じていた。

一九五六年にすでに発症が確認されていた水俣病、四日市コンビナートを始めとする多くの工業地帯での大気汚染。それらに対して各地で公害訴訟が相ついだ。

現在では工場から出る煙や排水にも厳しい基準が設けられているが、一九五〇年代から一九七〇年代始めにかけての工業地帯のようすは、ほとんど規制もなく、黒い煙、赤い煙、青い煙が出放題、河川や海に流れる水は悪臭ぷんぷん、泡の立つ濁り水だった。早くから警鐘を鳴らす人もいたが、そんな声は成長路線にかき消され、高度経済成長のためなら少々の汚染は仕方ないというのが一般的な見方だった。社会見学に訪れる小学生を引率する先生たちすら、「あの勢いよく出ている真っ赤な煙が日本の近代化の象徴だ」と誇らしげに語っていたほどだ。

一九六〇年代後半になって、ようやく水俣病や大気汚染に苦しむ人びとの深刻さが広く理解され、国も遅ればせながら対策に乗りだした。

工業化による経済成長も良いことばかりではない。多くの人が、うすうす感じ始めていた一九七三年、オイルショックが日本の一般家庭にも影響をおよぼす。石油の高騰で、日本はたちまち狂乱物価と物不足という事態になったのだ。実際に経験していない若い方でも、トイレットペーパー売り場に人びとが群がり奪いあうテレビ映像を見たことがあるだろう。テレビ局も深夜番組の放送を取り止めたり、世の中は一時大騒ぎとなった。石油に支えられて発展をつづける社会、しかもその石油など資源を自国にもたない日本社会のひ弱さをだれもが痛感したのである。

やがてオイルショックも過ぎ去り、トイレットペーパーの在庫も深夜放送もいつのまにか元に戻るわけだが、このころから高度成長にはかげりが見え始めていた。

◉二冊のベストセラーの衝撃　一九七三〜七五年

このころ、二冊の本に出会った。一冊目は、一九七三年に発売されたE・F・シューマッハー著『スモール・イズ・ビューティフル』である。当時ベストセラーになったこの本は、石油に頼る現代文明に警鐘を鳴らし、物質中心の既存の経済学でなく人間中心の新しい価値観による経済学を提唱していた。オイルショックが起きる前に書かれており、オイルショックを予言した書としても有名な本となった。

二冊目は、一九七四年から七五年にかけて朝日新聞に連載された、有吉佐和子著『複合汚染』。若い人でも、題名だけは知っているだろう。大量生産によって溢れる化学物質や食品添加物、農薬がいかに人間の身体を蝕んでいるか、丹念な取材を重ねて描き出した力作だ。これより一〇年ほど前に刊行されていたレイチェル・カーソン著『サイレントスプリング』(一九六二年発売時邦題『生と死の妙薬』、現邦題『沈黙の春』)でも指摘されていたとおり、農薬といっても野菜や穀物に直接散布される農薬の被害だけでなく、土壌の汚染による深刻な問題などに踏みこんでいる。三〇年を経た今でも読む人に衝撃を与えてやまない。

この二冊によって、私は農業あるいは第一次産業に関心を深めていくことになった。大量生産・大量消費の物質文明は、オイルショックによって行き詰まりを示唆されていた。近代西欧社会を動かす資本主義も、それに対抗していた共産主義も、考え方は大きくちがっていても最終的には生産力による競争であり、工業化社会を前提としている。

シューマッハーも有吉佐和子もそうした社会の危険性を訴えていた。極論すればモノが大量にありさえすれば幸せだという価値観の工業社会は、いつのまにか肝心の人間の生命を脅かしてまでモノを大量につくることに懸命になってしまっている。人間社会の主役はモノではなく人間だ。人間が健やかに楽しく生きるためにこそ、経済もモノもあるはずなのに、現代社会はモノをつくり、売り、買うことを中心に動いている。そして人間の生命行為の根幹である食べることまで工業社会の原理があてはめられ、食べ物をいかに大量に効率よくつくって売って利益を得るかに焦点を当てて進んできてしまった。

ひるがえってみれば、一九六〇年代に加速された日本経済の拡大志向、高度経済成長下での大量生産・大量消費という消費文明が謳歌された時代のなか、そのマイナス面に対する反省や批判という形で、六〇年代後半の学生運動があったのだ。海の向こうでは、アメリカの西海岸を中心としたヒッピーの新しい共同体運動が起こっていたし、カリフォルニア周辺では、カウンター・カルチャーとして「文明の新しいありかたを考えよう」という若者たちの動きがあった。また、アーサー・ケストラーやフリッチョフ・カプラなどのようなニューサイエンスの旗手が、旧来の発展史観とは異なった視点で、新しく問題を立て始めていた。一九七三年には、環境問題の代表的組織として有名な「ローマ・クラブ」から、『成長の限界』という本が出され、これまでの発展史観、成長史観に支えられた人類の歴史には限界があることが数字をあげて指摘された。こうした一連の動き、時代の変化が、大地を守る会誕生の下地になった。

社会にさまざまな問題があるとすれば、人間の生命の根幹であるはずの第一次産業に数々の矛盾が象徴的に生じているのかもしれない。「食べる」というところに足場を置いて、社会はどうあるべきか、あるいは迷い多き自分自身もどう生きていくか、もう一度考え直したほうがいいかもしれない――私は、ぼんやりとではあるが、そんなふうに考え始めていた。

◉毒ガス研究から無農薬農法へ――高倉医師との出会い　一九七四年

一九七四年の七月、勤め先で昼休みに『サンデー毎日』をぱらぱらとめくっていて、ある記事の見出しが目に飛びこんできた。

「毒ガス研究から出た肥料、ミネラルで食糧を増産したい」

毒ガスと食糧――いったいどういうことかと興味をそそられ、記事を読んだ。この記事に載っていた高倉熙景《ひろかげ》医師との出会いが、結果的には大地を守る会結成のきっかけになった。

高倉さんの経歴と活動を紹介しておこう。

一九一三年水戸に生まれ、医師となった高倉さんは、一九三六年、二三歳で習志野騎兵隊に陸軍医として入隊。陸軍病院つきの化学兵器研究局に勤務し、「騎兵戦、戦車戦における毒ガスの防護研究」をしていたという。

第二次大戦後、シベリア抑留後に帰国するが、新潟港に着いたとたん、あたり一面に、自分が研究していた毒ガスの臭いが漂っていることに驚いた。

当時、引き揚げ者の着く港で、一人ひとりに有無を言わせず頭から吹きかけていたのがＤＤＴという有機塩素系殺虫剤だった。戦後の衛生状況の悪化でシラミやノミ、蚊が大繁殖しており、それらが媒介する伝染病予防のためにアメリカ軍はＤＤＴによる害虫駆除を積極的に進めていた。小学校などでもシラミの流行を抑えようと子どもたちに頭が真っ白になるほど、吹きかけていたのである。虫がたかって、かゆくてたまらないというのも、人間にとって堪えがたい状況だし、伝染病も恐ろしい。ＤＤＴは「強烈に臭いが効果てきめんの画期的な薬」としてありがたがられていた。

確かに、ＤＤＴは殺虫力の強い薬でシラミやノミ、蚊などはいなくなるが、人体にも危険がある。高倉さんはＤＤＴの毒性に詳しかったので、毒ガスの元に使うような危険なものを頭から大量にかける無神経さに憤りを感じた。

ＤＤＴが使われていたのは、伝染病やシラミ対策だけではなかった。高倉さんは、故郷の水戸に帰る前に、各地の友人を訪ねたのだが、その道中に見る美しくなつかしい田んぼや畑でも毒ガスの臭いがする。農薬としてＤＤＴが大量に撒かれていたのだった。収穫直前の野菜にも痕跡がつくほどに撒かれている実態を見て、高倉さんは背筋が寒くなる思いがした。

こんなことをしていては、いずれコメや野菜を食べる人の身体も、田んぼや畑もおかしくなる。第一、農薬を撒いているお百姓さん自身の身体が壊れてしまう。これから日本中で農薬中毒による神経外科の患者が増えるにちがいない――高倉さんはそう確信し、農薬の危険性を訴えるとともに、患者を救う仕事をしなければと決意した。

さっそく水戸に開業した神経外科医院には、予想どおり一九五〇年ごろから「手足がしびれるが、どこの病院に行っても原因がわからない」と訪れる患者が続出した。まさに、かつて自分が研究した毒ガス中毒の神経症状だった。患者は近郊の農民たちであり、彼らに共通するのは、ＤＤＴを大量に使っていることだった。

ＤＤＴは、使い始めには少量撒けば害虫をほぼ全滅させる効果があり、作物の収量も上がる。しかし、だんだん害虫にも耐性ができ同じ量では効かなくなり、イタチごっこで量も濃度も増していき、人の神経を犯すほど使用されるようになる。

ことの重大さに改めて気づいた高倉さんは、患者の治療に力を注ぐとともに、「農薬を使用しないで農業ができないものか」と真剣に考えはじめた。

強い農薬を使えば病害虫は楽に防除できても、土の中の微生物まで死んでしまう。それでは微生物がつくりだす栄養素も失われる。そこで化学肥料を投入するわけだが、農薬と化学肥料を多用していけば、土壌はまるでスポンジのように荒れ、両者の使用量は増加し、毒性も残留する。その悪循環を断つには、病害虫に強い土壌づくりしかないと結論づけた高倉さんは、荒れてしまった農地を健康な土に戻す土壌改良剤の開発にとりかかった。

自ら畑を耕してさまざまな実験をくり返す。診療で得た金は全部畑に注ぎこむから高倉さん一家は貧困にあえぐ。医師仲間や近所の人たち、患者たちからも、「変わったセンセイ」「気狂い博士」と評判になるが、本人は他人の目などお構いなしに畑仕事に没頭する。

畑の肥料といえば窒素、リン酸、カリウムだけの化学肥料が主流となっていたが、マンガン、ナトリウム、カルシウムなど微量元素、いわゆるミネラルが十分あって、微生物が活性化しなければ土壌は肥沃にならないことに着目し、とうとうミネヒロン、ネオヒロンなどと名づけたミネラル肥料を完成した。

高倉さんはこのミネラル肥料を片手に、もう片方の手には酒瓶をぶら下げ、近隣の農家に上がりこんでは農薬に頼らないミネラル農法を試してみるよう勧める。農薬で健康を害していた農民たちは高倉さんの情熱にほだされ、しだいにミネラル農法を試すようになっていく。ついには「国際医農学会」を設立。高倉さんが会長となり、高倉さんが説得して回った農民たちが会員となって、農薬を使わないコメや野菜の生産を研究するようになった。

◉水戸の無農薬野菜を売りたい！　一九七五年

高倉さんの戦中戦後の活動の落差に興味をもった私は、さっそく連絡をとり、水戸に訪ねていった。別の形で記事ができるかもしれないという気持ちもあった。

私が東北の農家の出身だというと、喜んだ高倉さんは近隣の田畑を案内して、ミネラル農法で育っている野菜や稲を前に、その効果を熱心に語ってくれた。そして、集会所のようなところで十数人の農民たちとともに高倉さんの話を聞いた。農薬の危険性や作物が育つための土壌の仕組みなどについて熱心に話す高倉さんと、その教えを忠実に実行しようとする農民たちの信頼関係は、予想以上に厚いものだった。

休みの日に私は何度も水戸に通った。顔を覚えてくれた農民たちは、いつしか本音でいろいろなことを語ってくれるようになる。

「やっぱり農薬は身体に悪いと思う。自分たちも農薬を撒いた日やつぎの日は、気分が悪くて一日中寝ているようなこともあったし、手がしびれたりした。だから、高倉先生の言うとおりミネラル農法を試している。農薬なんか使わなくても、ちょっと努力すれば農業はできるよ。とてもおいしい野菜がとれるようになった」と、口ぐちにミネラル農法、つまり今でいう有機無農薬農業のよさを語る。だが、だれかがぼそっとつぶやいた。

「だけど、実際のところ、ミネラル農法では、生活していけないいな」

「そうだな。オレのところも、自家用のコメと野菜は全部ミネラル農法だけど、農協に出す野菜はやっぱりなあ……」

そう言葉を濁して皆黙ってしまった。いったいどういうことなのか突っこんで聞いてみると、ちょっとでも虫食いがあると、売り物としての価値が極端に下がるのだという。

例えばキャベツの場合、二トン車一杯のキャベツを農協にもっていくと検品を受ける。ちょっと虫食いのあるものが一個か二個見つかると、二トン車一杯全体の値段が二〇〇〇円などという安値で買い叩かれてしまう。

農薬を使わなければ、当然、外の葉っぱは虫食いだらけになる。しかし、どうせ硬くて食べない数枚の葉っぱを落とせば、中のほうはほとんど虫食いもなくきれいな状態だ。ちょっと虫食いがあるにしても、どうということはないのに……。

私が水戸に通いだした一九七五年、かのＤＤＴなどはすでに使用禁止になっていた。

日本では一九六八年に農薬企業がＤＤＴの生産を中止、一九七一年には販売が禁止された。この年、農薬取締法大改正と使用禁止農薬の拡大が行われ、ＤＤＴ以外にも、水銀剤、ＢＨＣ、２４５Ｔなどそれまで「近代農業」の中心的役割を果たした農薬が使用禁止となり消えていった。しかし、それまで二〇年以上にわたる間、高倉さんや多くの人が危険性を唱えても黙殺され、日本中の田畑でＤＤＴや水銀剤などが撒かれつづけていたというわけだ。

古い農薬いわゆる「近代農薬」が消え、法律で農薬を登録するさいに各種毒性試験や自然界への残留試験などが義務づけられたとはいっても、農薬の毒性対策は十分とはいえなかった。つぎつぎに出現する新農薬、いわゆる「現代農薬」なら基準を満たしていると主張していても、試験を重ねてみれば危険性が指摘され、また姿を消すというくり返しだった。

また、基準となる濃度、用量、回数を守れば害はないとされても、先述したように、虫にも薬に対する耐性ができて、同じ濃度、用量、回数では効果がなくなり、結局農村の現場では基準をはるかに超える量の農薬が使用される場合が多くなっていく。むしろ、「今度の農薬は安全だから」という安心感で、見かけのいい野菜を効率よくつくるために、ふんだんに農薬が撒かれているのが実態だった。

当時大型スーパーがどんどん出現するのに合わせ、野菜が「美しく」棚に陳列されることが求められ、それを消費者も歓迎する。農薬を使った見かけのよい野菜しか農協では受けつけなくなってしまった。

つまり、私が水戸を訪ねた一九七五年当時、ＤＤＴなどの危険な「近代農薬」から「現代農薬」に脱皮していたとはいえ、農薬による、食べ物の安全性への疑い、農民たちの健康被害などの状況は、改善しているとはとてもいえないのだった。

農民たちは、語りつづけた。

「虫食いキャベツのほうが、そりゃあ甘味があっておいしいさ。農薬と化学肥料たっぷりじゃ、味は薄くなる。虫だってよくわかってるわけよ。虫食いのない見かけのいいピカピカのキャベツをつくるのに、どれだけたくさんの農薬ぶっかけるか、恐ろしいくらいだよ。オレだったら、どっち買うかっていったら、虫の一杯食ってるほうを高く買ってもいいと思うよ」

「きれいな野菜には毒が入ってるんだがな。皆、お金出して毒を買うことないのにな」

「虫食いのほうを喜んで買ってくれる消費者がいれば、オレたちも田んぼや畑全部、農薬使わないでやりたいんだがなあ」

なるほど。買い手を見つければいいのか。

「買い手は必ずいますよ。私に任せてくれませんか」

私は、その場で自信たっぷりに申し出てしまった。

実際、心当たりはあった。知り合いが生活協同組合に勤めていた。彼なら、こういう野菜の価値をきっとわかってくれるだろう。

後に、このときの楽観主義、調子のよさを思い出しては赤面するのだが、後悔はしていない。「この野菜を売りたい！」と直感的に思い、怖いもの知らずで引き受けたからこそ、有機農業運動に深く関わっていくことができたのだ。

◉生協からの拒絶　一九七五年

それからすぐに、水戸の農民たちの代表二人と一緒に生活協同組合の知人を訪ねた。知人は歓迎してくれ、仕入れ担当者も交えて話をよく聞いてくれた。確かに農薬を使わない農法、作物はすばらしいといってくれる。やっぱり来てよかった。

話は具体的な方向に向かった。この作物を産直で生協に入れさせてほしい。担当者は、価格について質問した。農民たちは、理解者の出現に喜び、本音で語りだした。

「除草剤を使わず草も手で取るから結構手間もかかるし、普通の収量を一〇〇とすると八〇くらいになっちゃうこともあるんです。ですから、できれば普通のものより一割か二割高く買ってもらいたいんです」

私は、その話を当然のことだと思って聞いていた。味はいいし、何より安全なすばらしい作物だ。だがその分、労働力もかかる。一割二割高いというのは、むしろ控えめな要求だ。

ところが、担当者たちは一様にけげんな面持ちで「えっ⁉ 高いの？」と驚くのだ。「虫食いだから安いというんならなあ……」と考えこんでいる。結局、市場より高いものは売れない、値段が合わないので、申し訳ないが自分たちのところでは扱えない、という結論になった。

これは紹介先が悪かったのだと思い、知人の紹介で別の生協に行った。だが、まったく同じだった。諦めずに、ほとんど東京中の生協を回った。どこも、農民たちの話を親身になって聞いてくれるが、最後に値段が合わないというのだった。

最後に、ツテをたどって、当時代々木にあった生活協同組合本部の野菜担当者に会ってもらった。全国にある小さな生協のまとめ役でもあり、どこか条件の合うところを探してもらえるかもしれない。ところが、担当者はこう言った。

「生協というのは、消費者の立場に立って、生活防衛をするという目的で動いています。一つの商品をたくさん買うことで、スーパーマーケットよりも安く売るのが私たちの使命なんです。ですから、よそより高い商品を扱うのは無理です。安全性と価格が対立するのであれば、生協は残念ながら価格のほうをとらざるをえないんです」

誤解のないように願いたいが、これは一九七五年の話である。現在の生協は、安全性重視のところも多いし、大地を守る会と生協はさまざまな運動で提携もしている。

だが、この言葉を聞いた当時の私は落胆し、つぎのように総括した。

「生協というものは、大量生産・大量輸送・大量消費を前提としている。消費者一人の力は弱いが、千人、一万人集まれば、ものをたくさん買う力がつく。その力で、結局は生産力とか効率重視の社会を前提とした組織をつくっている。つまり、『スモール・イズ・ビューティフル』に描かれたような人間中心の価値観とは異なる思想なのだ」

そういう組織には、命を守るという使命でつくられる水戸の野菜は売れないのだった。そこで、独自の流通ルートをつくろうと「大地を守る会」を結成したといいたいところだが、じつはそんな大層な決意はなかった。

農民たちに「必ず買う人がいるから任せてください」と胸を叩いて断言した手前、引っこみがつかない。切羽詰まって、「仕方ない、自分で売るか」と思いつく。これがつまりは大地を守る会の原型なのだった。

2――有機農業運動開始

◉大島四丁目団地の青空市　一九七五年

野菜を売るにはどうするか。野菜を買ってくれるのは圧倒的に家庭の主婦だ。主婦がたくさんいるところに軽トラックで野菜をもっていき、買ってくれと声を張りあげれば結構売れるんじゃないかと、また楽観的に考えた。われわれ世代にはおなじみの「バナナの叩き売り」スタイルだ。もっとも、売り言葉は「安いよ」ではなくて「安心でおいしいよ」だが。

金はないが、知り合いに恵まれている私は、江東区の大島四丁目団地に無農薬有機野菜に関心をもつ主婦数人がいるからとりあえず行ってみたらどうかと紹介され、勤務先の出版社が休みの日曜日、団地に出向くことにした。

最初は、水戸の生産者たちが自分たちで収穫した野菜を軽トラックに積み、運転してきてくれた。出版社の同僚である加藤保明(現在、大地グループの株式会社フルーツバスケット社長)を誘い、団地で合流し、トラックの荷台いっぱいの野菜を前に「新鮮なおいしい野菜ですよ。無農薬ですよー!」と声を張りあげ、青空市開店である。学生運動の演説で鍛えた大声と威勢には自信があった。

これが、思った以上に売れた。紹介してもらった主婦だけでなく、その知り合い、通りがかりの人たちがどんどん買ってくれた。「無農薬」という言葉にはピンとこないが、昔おばあちゃんの田舎で食べたトマトの味だといって喜ぶ人もいる。私と同じように『複合汚染』などを読んで無農薬に関心をもつ主婦もいた。せめて子どもたちに食べさせるものは安全なものを求めたいが、そんな野菜は手に入らないので困っていたという。

日曜日だけでは追いつかず、土曜日も売ることになり忙しくなってきた。私と加藤は、早朝、軽トラで東京の自宅を出て水戸に行き、野菜を文字どおり山のように積んで大島団地に行って売る。知り合いの大学生などアルバイトも数人頼み始めた。

ときによって、すぐに売り切れて足りない野菜もあれば、余ってしまうものもある。そこで、なじみのお客さんから注文をとり、なるべく欲しい野菜が欠けないようにし、通りがかりのお客さんの分は「引き売り」として別にもっていくというスタイルになってきた。口コミで注文のお客さんが増え、顧客と呼べる人ができてきたのである。

さらに、四丁目団地だけでなく、六丁目にも売りに来てくれないか、というように場所も広がる。野菜の種類も増やそうと、供給してくれる生産者を、高倉さんにつぎつぎと紹介してもらった。高倉さん主宰の国際医農学会会員の生産者は、水戸周辺ばかりでなく、福島県、青森県、北海道、静岡県などにもいて、私と加藤は生産者のところを回って、農産物を売ってくれるよう頼んだ。もはや、助っ人の段階を超え、本腰を入れて取り組む自分たちの運動になってきた。

何か名前をつけて会にしてしまおうということになり、「大地を守る市民の会」（一九七六年三月に「大地を守る会」に名称変更）としたのだった。

消費者運動でもなく、生産者の応援団というだけでもなく、消費者と生産者が同じ地平に立ち「大地を守る」意識でつながるような運動でありたいと思った。「大地を守る」という言葉は観念でしかないのだが、抽象的な大義名分ではなく、「食べ物をつくる・運ぶ・受け取る・食べる」という実践を通じて消費者と生産者の関係を築いていきたいと願った。

大島四丁目団地で初めて野菜を買ってくれた人たちは、その後ほとんどの方が、転居を重ねながらもずっと大地を守る会の会員だった。不馴れな職員のまちがいに耐えつつ、ときに厳しい意見で職員と議論をしながら、共に有機農業運動を進め、この会を育ててくださった。

◉大地を守る市民の会設立——藤本敏夫氏現わる　一九七五年

一九七五年八月、東京・大手町の当時の農協ホールで「大地を守る市民の会」のささやかな設立集会を開き、農薬公害追放と安全な農産物の安定供給をめざす運動のスタートを表明した。各地の生産者、買ってくれる消費者合わせて約三〇〇名が集まってくれた。職員は、加藤保明、飯田善紀、丸谷明と私の四人である。

大地を守る市民の会の構成は、仕入れ、配送、機関誌発行、事務や経理などを担当する私たち職員と生産者、それに都市生活者である消費者から成り立つが、その三者は共に平等な立場の会員とした。しかし、初期のころは消費者は共同購入者という立場で、明確な会員という形はとっていなかった人も多かったので、はっきりとした会員数は不明だった。私は、農産物を買う消費者を大地を守る市民の会の下部組織の人びとという位置づけをしたくなかった。自立した人たちが自分の考えで会の考え方に賛同して、野菜を買ってくれればよいと思っていた。したがって、会員という形や数字には関心がなかったのだ。

だが、このときから、半ば仕方なく野菜を売り始めたときにはなかった覚悟をもって、有機農業運動に取り組むことになった。

学生運動や市民運動の多くは、何かに反対し、糾弾し、知らない人たちを啓蒙しようと声高に叫ぶ。だが、農薬の害について、その危険性を百万回唱えたところで解決にはいたらない。農民や農薬会社を告発しても農薬廃止への道は遠い。

私たちは、まず、一本のダイコンをきちっと無農薬でつくり、流通し都市生活者が受け取り、料理して食べるというところから始めたいと思った。無農薬のダイコンを手に入れるには、まず畑で堆肥をつくり、虫や雑草対策を工夫しなければならない。農協や市場は買ってくれず、トラックも自分たちで手配する。受け取る消費者は、虫食いの葉っぱや泥のついたダイコンを手間をかけて料理する。近代主義にどっぷり浸かった「楽でおしゃれなライフスタイル」を見直し、虫と共生する道を選ぶことになる。

そうやって、皆が今までのやり方を捨て、新たな価値観をもって進めば、農薬に依存しない暮らしを自分たちでつくることができる。最初はごく小さな運動であっても、それが自分たちの望む未来に近づく方法だと信じ、「無農薬のダイコン一本を手に入れることから始めよう」を合言葉に、意気揚々とスタートしたのだった。

そうはいっても、私も加藤も、とてもこの会一本で食べていけるわけではない。平日は出版社に勤め、土日は野菜を売る生活が半年続いた。その間も、お客さんは増加していた。練馬区の区議会議員さんが声をかけてくれ、区内の公園で売ったり、千駄ヶ谷の幼稚園の先生が呼んでくれたりする。とても土、日だけでは回りきれないので、さらにアルバイトを頼んで平日にも回り、野菜を売るポイントが増えていった。

そうやって増えていくポイントを、職員は「ステーション」と呼んだ。このステーションで、数人から十数人単位で構成されたグループに一括して注文書を出してもらい、その翌週に注文の農産物を配送する。グループを構成する消費者たちは、駐車場や玄関先などの空き地にゴザや新聞紙を敷き、秤《はかり》を用意して待っている。箱に入って届く野菜をその場でそれぞれの注文量に小分けして持って帰る。たまには、採れ過ぎたダイコンなどを職員が余分に持っていき、分け合って買ってもらう。そうした共同購入システムができていった。

やがて、「ステーション」は、場所ではなく、購入者のグループそのものを指すようになり、現在までこの呼称が引き継がれている。既存の流通には乗れず、かつ店鋪を出す資金もなかったからこそできあがった仕組みだった。

半年ほどたった一九七五年の暮れに、藤本敏夫氏（後に大地を守る会初代会長、一九八三年に会長辞任、脱会）が私を訪ねてきてくれ、一緒に活動することになった。先述したように藤本敏夫氏のパートナーは歌手の加藤登紀子さんである。藤本さんは、一九四四年兵庫県に生まれ、新聞記者を志望して同志社大学で新聞学を専攻した。大学二年のとき学生運動に参加、京都府学連委員長を経て、六八年に反帝全学連委員長となった。六九年一〇月二一日の国際反戦デーで防衛庁突入闘争を指揮して逮捕され、懲役三年半の有罪判決を受け、七二年春入獄した。入獄後、以前からつき合っていた歌手の加藤登紀子さんが妊娠していることがわかり、二人は獄中結婚を宣言する。すでに歌手として名の売れていた東大卒の歌手・加藤登紀子と元全学連委員長の結婚は、当時のマスコミを大いににぎわした。

藤本さんは、昔の学生運動仲間と二人でふらりと訪ねてきた。当時、私たちが発行していた機関紙「大地」をどこかで見てやってきたのである。刑務所で一年間ほど各房に食事を配る「配当夫」という仕事をしていて、「食べる」ということに関心をもち、その延長線で農業に強い関心をもったのだという。出所後は、市民社会に復帰するリハビリも兼ねて陶磁器の安売り露天商みたいなことを学生時代の仲間たちと始めていた。「俺は刑務所にいる間、八郎潟に農業入植したいと思っていたんだ。農業には関心がある。一緒にやらせてくれ」という。藤本さんは私より三つ年上で、学生運動時代、彼は関西、私は東京で活動していたためお互いの面識はなかった。

この後、藤本さんと加藤登紀子さんに、大地を守る会はあらゆる面でお世話になる。とくに加藤登紀子さんには経済面で再三迷惑をかけ、助けていただいた。

あるとき、藤本さんと登紀子さん、私の三人で長野県松本市郊外の農場を見学に行ったことがある。そこは、「内城《うちしろ》土壌菌」という菌を使って養豚をやったり、知的障害のある子どもたちを使って野菜づくりをする、一種の学校のようなところだった。農場主は研究熱心で、いろいろな堆肥をつくっていた。そのなかに、人間の糞尿を「土壌菌」を使って発酵させた「ウンコ酒」というものがあった。いかにも糞尿らしいとわかる液体が一升瓶で出てきたのである。

昔、農村ではどこでも人の糞尿を溜めておく「肥溜め」というのがあった。十分に発酵させて田畑の肥料にしたのである。いっぱしの農民は、肥料として使えるかどうかを、「肥溜め」に指を入れて指先についた糞尿を舐めてみたという。完全に発酵した糞尿は甘いのである。

内城農場の農場主は登紀子さんに、その「ウンコ酒」を飲んでみるようにすすめた。登紀子さんは、ひるまなかった。「私はお酒が大好き」とばかりに、その「ウンコ酒」をグィッと空けたのである。藤本敏夫はすごい女と一緒になったものだと、私は改めて感心した。

その後、登紀子さんは、農場のはずれにある野菜用のビニールハウスでミニコンサートを開いた。集まったのは、農場で働く知的障害のある子どもたち十数人だった。ギター一本でコンテナに座って歌う登紀子さんに合わせて、子どもたちが手をたたく。みんな目が輝いている。登紀子さんの周りで、手をたたきながら踊りだす子もいる。何曲か歌った後、「これでおしまいね」と登紀子さんが歌ったのは「四季の歌」だった。「は～るを愛するひ～とは……」と歌いはじめると、全員が立ち上がって身体をゆすりながら一緒に歌いはじめた。子どもたちは目に涙を浮かべていた。それを見て、私はただ感動していた。藤本さんも魅力的だが、登紀子さんも何て魅力的なんだろう。大地を守る会は、すばらしい仲間を得たと感無量だった。

加藤登紀子さんや藤本敏夫氏の知名度を利用する団体だと外部から批判されたこともあるが、私たちは彼らが表舞台に立って積極的に外部にアピールすることを大事に考えていた。運動において重要なのは中身であるが、中身のよさを知る人がいなければ運動も不発に終わる。声をあげ、旗を振って存在価値を外に示す役割を、二人は買って出てくれた。マスコミを利用する、いわゆる情報型企業行動をとるうえでのスゴ腕の資源ともいえるだろう。二人の存在がなかったら、大地を守る会の活動は、ずいぶん昔に頓挫していたかもしれない。

藤本さんが加わってすぐ、一九七六年一月に、新宿区大久保にあったキリスト教バプテスト派の会館の三階を借りて事務所を構えた。私もとうとう出版社を辞め、活動に専念することとなった。後に大地を守る会の農産物仕入れを担当することになる長谷川満（現在、大地を守る会理事）は、このころ合流する。彼は広告代理店に勤めていたが、もともと埼玉県の秩父の農家出身で、農業や野菜のことに詳しかった。人手不足を解消しようと、加藤保明がうまいことをいって連れてきた。加藤と長谷川は、法政大学で同級生だったのである。

しかし、資金繰りは苦しい。しばらくは失業保険で食べていたが、なにしろ無給状態だ。藤本さんも私も、妻の働きによって生活していた。子どもも生まれており、二人とも妻には頭を下げるばかりだった。

銀行から融資を受けるさい、加藤登紀子さん名義のマンションなどを抵当に入れさせていただいたこともある。設立後三年ぐらいは、職員にも苦労のかけどおしだった。

まったく危機的な状況だったわけだが、だれも暗い表情ではなかった。心持ちだけは大らかで、喜々として重い野菜の箱を運び、集れば議論が始まり、まだ組織らしい組織もないまま未来への希望を語っていた。

◉金曜の会　一九七六年

最初の事務所として借りたバプテスト会館にも、ずいぶんお世話になった。当時バプテスト教会の理事をしていた方が、元の日本消費者連盟の運営委員でもあった。そういう背景があって、ちょうど空いていた三階を、いくつかの市民運動団体に貸してくれたのである。

広いホールをベニヤ板で小さく区切り、住民図書館、公害問題研究会、山村研究会、市民エネルギー研究所など一五団体ほどが借りた。大地を守る会はいちばんよい場所に陣取り、会館裏の空き地にプレハブまで建てて、産地から集まる野菜の倉庫として使っていた。会館に所狭しと野菜の箱を並べるばかりか、会館のひさしの下にジャガイモやミカンの箱を積んだりもした。まったく「わがもの顔」で会館を占拠していた。

始めたばかりのころには、大失敗も多かった。あるとき、四トンコンテナにジャガイモを積んで走っていたトラックが途中大寒波に見舞われた。高速代を節約して一般道を走っていたため立ち往生し、その間積み荷のジャガイモは全部凍り、新宿に到着したときには水がぽたぽた落ちるありさまとなった。とても売り物にならない。そのジャガイモをどう処理するか決断をくだせないまま、倉庫に並べておいた。

やがてものすごい腐臭が漂いはじめ、さすがにバプテスト会館から文句が出た。あたりは閑静な住宅街である。夢の島に持っていくなどの知恵もなかった私たちは、職員総出で会館の敷地に穴を掘って大量のジャガイモを埋めたのだった。

市民団体が借りていた三階には共有ロビーもあったので、互いの運動についても議論したり相談しあったりしていた。とくに週末、金曜日の夜には共有ロビーに集まり、酒を飲みながら議論をたたかわすのが常となっていった。

あそこに行けばタダ酒が飲めると聞いてやって来るような怪しげな連中もいて、まさに梁山泊のごとく、ツワモノたちがわいわいがやがやと集まる。後に嫌煙権運動で有名になる某氏も、このころは紫煙モクモクとくゆらせつつ大いに議論していたものだ。

広告代理店のディレクター、スーパーマーケットのバイヤー、塾の講師、大学生など外部からの参加者も増えていく。いつしか毎週金曜日の夜七時から定例会のようになり、「金曜の会」と呼ぶようになった。

議題を決め、根回しをし、かしこまって粛々と進められる会議ではなく、何が出てくるかわからないカオスのようなこの場から、私たちは多くのことを学んだ。マニュアルも手本とするものもなく、毎日の一つ一つのできごとが私たちにとって未知の経験だった。その経験を糧に、議論をし、ときに激高して殴りあいに発展するような血の気の多い猛者《もさ》たちに揉まれながら、大地を守る会の形、コンセプトを手探りでつくりあげていった。

◉「有機農産物は考える素材です」　一九七六年

この金曜の会の議論で練りあげられた言葉に、「有機農産物は考える素材です」、「有機農産物は単なる商品ではなく文化のかたまりだ」というものがある。

一つ目の「有機農産物は考える素材です」という言葉は、私たちが消費者にも生産者にも言いつづけた言葉だ。まず、スーパーマーケットに一年中たくさんの種類の野菜、しかもピカピカに磨かれた見かけのよい野菜が並ぶことにすっかり慣れてしまった消費者に、私たちが扱う野菜を理解してもらうには、かなりの努力が必要だった。

農薬の危険性に気づき、安全な野菜が欲しいと大地を守る会に入会する人も、実際に、虫食いの痕のあるキャベツや、外葉がレースのように虫に食われた小松菜などを見ると、「いくら無農薬でも、こんなの売り物じゃないでしょ」と怒る人もいる。頼んだトマトが届かないと、もう会を辞めるといいだす人もいる。

現在、有機農業は、生産者たちの努力や情報交換があって、技術が飛躍的に進歩している。何年もつづけていくと土壌が豊かになり、農産物の中身はもとより、形もある程度そろうようになっていく。だが、初期のころは、ネズミのシッポと見紛うニンジンしかできない場合もあったし、虫食いも確かにひどかった。

普通の小売業者であれば、平謝りするところだろう。だが、ここで大地を守る会の配送職員は、踏みとどまる。外葉に虫食いがあっても中はきれいでとてもおいしいこと、虫食いの痕こそ安心な野菜の印であること、ピカピカの野菜をつくるには、いかに多くの農薬が使われるかを話す。あるいは、トマトの産地の天候不順を語り、日照不足なので今はまだ青いけれどももう少し待ってくれたら真っ赤に熟したトマトが収穫できることを伝える。

現在の大地を守る会は、契約農家も増えたので産地で融通して欠品をなくすようにしているが、初期のころは、有機農法を実践する農家も少なく契約産地が限られており、天候不順は即欠品につながった。そういう状況をきちんと伝える。

産地のようすや生産者の働きぶりを話された消費者は、農作物は工場でできる規格品とはちがって、太陽と水と土によって育まれる生きた命であることに改めて気づく。安全な食べ物を手に入れようとするならば、農薬ではなく、虫たちと共生する道を選ぶことになり、いつでもトマトがあるのが当たり前だという生活のほうがおかしいと思いいたる。虫食いのものが届いたときや欠品のときこそ、みんなで農業や社会を考えるよいチャンスなのだ。

虫食いキャベツと対面した瞬間に、虫と共生するなんてごめんだし、一年中朝食にトマトとレタスは欠かせないからといって、スーパーマーケットの世界へ戻ってしまう人もいるのだが、多くの人は、職員や他の会員との会話のなかから、見かけのいい野菜を求めてきた自分の価値観や暮らしぶりを問い直そうとするようになっていく。

安穏と暮らしてきて、自分たちもいつの間にか農薬や添加物であふれる世の中をつくりあげる動きに加担してきた。そこに身を置いているのに、今度はお金だけ出して労せずして安全な食べ物を欲しいという自分たちのエゴに気づく人もいる。石油を大量に使う現代社会のさまざまな問題に目を向けることにもつながる。トマトの欠品をきっかけに、視野が大きく広がっていく。だから、「有機農産物は考える素材」なのだ。

また、有機農業が軌道に乗るには数年を要する。いざ無農薬で育てようとしても、土壌が安定していない状態では、作物がいっせいに病気で枯れたり、葉ダニが大量発生したりすることもある。そこを乗り越えて地道に土づくりをし、適期をつかんで作業していくうちに、作物は病気に強くなり虫害もさほど気にならずおいしい有機農産物が採れるように変化していく。

一人の有機農業者が育つには時間がかかるのだ。有機農産物を手に入れたい消費者には、そうした生産者の技術の向上や畑の安定を、共に見守り、一緒に育てる覚悟も要求される。未熟な生産者を、「プロではない」と切り捨ててしまえば、有機農業運動は力を失ってしまう。だから、初期のころは、少々できの悪い野菜も工夫して食べてもらいたいと話すこともあった。

実際、有機農業運動を広めていくには、生産者が増えていかなければならない。高倉さんに紹介された生産者以外に、もっと契約農家を増やしたい。そこで、産地を回って無農薬で野菜をつくるようお願いして歩いた。初めに返ってくるのは、決まって「無農薬で農業なんかできっこない」という言葉だった。ある人は、今さら無農薬で江戸時代にでも戻れというのか、と怒りだす。また、ある人は、有機農業は新興宗教みたいなもんじゃないのかと疑わしそうな目を向ける。

生産者の多くは、農協や国が押し進める、農薬と化学肥料を使う近代農法にどっぷり浸かっていた。農薬、除草剤は、病害虫対策や雑草取りなどの重労働から農民を救うものとされてきた。今さら農薬を使わない昔の農業に戻れるはずがないと思いこんでいた。

だが、有機農業の取り組みは、すべて昔のやり方に戻そうというものではない。もちろん、近代農法よりも手間はかかるが、土や作物を知り、虫も含めて自然と共生しようとする農法は、働くことのなかに発見があり、自分の手で自分の畑に合わせてさまざまに技術を工夫するおもしろさがある。農薬の代わりとなる天敵などの研究も進む。むしろ、日々新しさがある創造的な仕事だ。

地域の気象や土壌の特性を研究し、自分で作物の顔を見て、今日どんな作業をするかを組み立てていく。主体的な農業、自分にしかできない農業を模索するようになると、「農協に言われるまま薬を撒いて、一定量収穫する」という受け身の立場では得られないやりがいが生まれる。つまり、生産者にとっても、「有機農産物は考える素材」なのである。

こうした生産者がつくりだす農産物は、独自の個性が現われてくる。近代農法では、工場と同じで、なるべく均質の農産物をつくりだすことが目標だろう。全国どこで誰がつくっても、品種が同じなら、同じようなものができるように作業はマニュアル化され、土をコントロールする。いわばグローバル化だ。

だが、それぞれの田畑で主体的に考える生産者たちがつくる農産物は、たとえ品種が同じでもちがうものができてくる。北海道と九州では気候風土がちがう。その風土を活かした取り組み、つくる個人の経験、人柄、代々受け継がれてきた農業技術などが凝縮されて一つのジャガイモ、一つのトマト、一つのキャベツが生まれてくる。つまり、つくる人、畑のちがいが反映される多様性に満ちた文化なのだ。

そういう考え方を、金曜の会で「有機農産物は単なる商品ではなく文化のかたまりだ」という言葉にしたのだった。

◉西武百貨店で無農薬農産物フェア　一九七七年

生産者も、消費者も、私たち職員も、手探りの試行錯誤をくり返しながら、有機農業運動に取り組んでいた。この時代、会員の広がりは口コミによるものだった。ステーションが少しずつ増え、共同購入の会員も増えてはいたが、日本全体から見れば、ゲリラ的な流通手段を使った圧倒的少数派にすぎない。そして、有機農業は、一応世間で認知され始めたものの、「こだわりの強い特別な人たちのもの」という偏見を含んだ扱いにとどまっていた。

もっと裾野を広げたい。日本全国の農民が無農薬で農産物をつくり、全国の八百屋さんやスーパーマーケットに有機農産物が並び、多くの国民が安心でおいしいものを食べる。日本全体をそういう社会に変えていくことが究極の目標だ。一部の特別な農民と特別な消費者だけが結びつき、内向きに活動する団体ではありたくなかった。

私たちの友人に土井脩司さんという人がいた。早稲田の学生時代に、戦争まっただ中のベトナムにわたり、花を植える運動をした人である。花で人々の心をつなぎ、世界の平和を達成したいと言っていた。千葉県の成田空港の近くに花の農場をもち、花の企画社という会社を経営していた。花の企画社と大地を守る会は、設立の時期も同じころで、考え方も似ていたのでことあるたびに交流していた。

土井さんは、当時の伊藤忠商事最高顧問の瀬島龍三さんと親しかった。土井さんを訪ねると瀬島さんがニコニコして隣りに座っていることがよくあった。あるとき土井さんは、大地を守る会が財政的に困っていること、有機農産物をもっと世に広めたいことなどを瀬島さんに話してくれた。

瀬島さんは、山崎豊子の小説『不毛地帯』の主人公、壱岐正中佐のモデルといわれ、そのころ日本の政財界に強大な影響力をもっていた。

「それなら三菱銀行の田実《たじつ》さんに話をしてあげましょう」

瀬島さんは、当時の三菱グループの総帥で三菱銀行頭取の田実渉さんを紹介してくれるという。私たちは、ただ和歌山県の無農薬ミカンが余っていて何とか売り先を探していただけだ。瀬島さんや田実さんまで出てきて、「こんな大事《おおごと》になっていいのか」というのが正直なところだった。

気を取り直して藤本さんと私は、三菱銀行本社を訪ねることにした。一年半ほど前、東アジア反日武装戦線というグループが三菱重工爆破事件を起こしていた。丸の内の本社ビルが爆破され、通行人や夏休み中のサラリーマンなど六人が死亡、一一九人が重軽傷を負うという大惨事だった。その後も各地で爆発事件がつづいていた。

案の定、三菱重工や三菱銀行のまわりは警察官、ガードマンで固められていた。

「大丈夫ですかね」

「アポイントをとってる。大丈夫だ」と藤本さんはスタスタ入っていく。

私が心配したのは、アポイントうんぬんではなく、元全学連委員長がこんな時期に三菱重工のまわりをウロウロしていていいのかだった。まったく無神経な人だ。ええい、なるようになれ。二人の元過激派は胸を張って頭取室に向かっていった。

田実さんは、温厚な方だった。私たちの話を静かに聞いて、わかりました、どうしてほしいのかと尋ねてきた。藤本さんは、和歌山の温州ミカンが余っている、どこか買ってくれるところを教えていただきたいと答えた。田実さんは、「それじゃ、西武の堤さんを紹介してあげましょう」と言ってくれた。当時の西武百貨店社長の堤清二さんのことである。

「堤さんも、学生時代は東大で社会主義運動をしていた方です。あなた方のことをわかってくれるでしょう」

帰りぎわ、田実さんは出口のところまで私たちを見送りながら
「私は国家公安委員もやっているんですよ。よくここまできましたね」と笑った。

「はぁ、警備がだいぶゆるかったものですから」と藤本さんもニヤリとした。

私と藤本さんは、資本家の総帥のような田実さんとの商談に勝利した気分で、意気揚々と引きあげた。

堤さんは、西友ストアの仕入れ会社であった西武生鮮株式会社社長の江澤正平さんを訪ねるようにと言ってきた。江澤さんのところには私が一人で行くことにした。どうせ話はついている。和歌山のミカンは全部買ってもらえるさ。藤本さんに太鼓判を押して、私は出かけた。

江澤さんは、「野菜の神様」と言われるような人なのだが、当時の私は世間知らずの若者にす

ぎない。今から思えば、野菜のことも流通のこともよく知らなかったからこそ、怖いもの知らずで、どこにでも飛びこんでいけたのだろうと冷や汗が出る。

江澤さんは、厳しかった。

「無農薬ミカンは安全だといって売るとなると、他のミカンは農薬がいっぱいかかっていて危険だということになる。もし、西友で無農薬ミカンを扱えば、他のミカンは売れなくなる。君たちは、全国の西友で扱うミカンを全部納入してくれるのか」

とてもそんな数が供給できるわけはない。

「じゃあ、この話はなしだな」

たぶん、江澤さんは、何も知らない若者が堤清二社長の威を借りようとする思い上がりを諌めてくれたのだろう。その場の冷淡さとは打って代わり、その後、部下に口を利《き》いてくれ、社長を辞めるまでの三年間、西友で私たちのミカンを扱ってくれた。二〇〇五年現在、九四歳になってなお元気な江澤さんは、西友退職後もずっと私たちの活動を見守り、ときに助言をくださっている。

さて、そうやって西友との関係ができてきた一九七七年、東京池袋の西武百貨店で四月の一週間、「無農薬農産物フェア」をやってみないかという提案があった。全国の生産者から農産物を集めて、一週間ぶっつづけでデパートの特設会場で売る。これはかなりの力量がいる仕事だ。われわれにできるだろうかという不安もあったのだが、願ってもない絶好の機会である。どうせなら不安を乗り越えて、うんと派手な催しにしてしまおうではないかと議論は進んだ。

この催しをきっかけに、有機農業をマイナーな世界からメジャーな世界へ引き上げ、大地を守る会の会員を一気に増やそうというのだ。

そんな議論をくり広げているとき、雑誌『話の特集』の編集長だった矢崎泰久さんが知恵を貸してくれることになった。矢崎さんは、藤本敏夫氏の古くからの友人である。

矢崎さんは、宣伝効果をあげるために、農産物フェアの売り子として芸能人や文化人に立ってもらうというアイデアを出した。まず加藤登紀子さんはいちばんに協力してくれる。その他に、中山千夏さん、野坂昭如さん、永六輔さん、吉武輝子さん、松島トモ子さんらの名前があがった。この人たちが日替わりで売り場に立てば、マスコミも注目してニュースにしてくれるし、芸能人目当てのお客さんも集まり、勢いで野菜も売れる。大地を守る会の名前も少しは浸透するだろう。最初はただお祭騒ぎのようなものでも、そこを出発点に地道に有機農業のことを話していけば、理解してくれて会員になってくれる人もいるかもしれない。

もっとも、ずいぶんあとになって矢崎さんから打ち明けられたのだが、ちょうど革新自由連合という新党立ち上げの準備期間であり、選挙活動としても効果が高かったという。その夏の参議院選挙で矢崎さんや中山千夏さんは立候補して、みごと当選した。私たちもマスコミを利用する「情報型企業行動」をとったつもりだが、矢崎さんはその上を行っていたというわけだ。

それはともかく、さっそくこの企画を、新聞、テレビ、ラジオなどマスコミ各社に流したところ、大きく取り上げられ、開催前から話題となった。西武百貨店側は、野菜の並べ方、鮮度の保ち方など売り方の面倒を見てくれる八百屋さんを間に入れ、大地を守る会の職員は、とにかく野菜を集めて売り場にどんどん持っていけばよいという形にしてくれた。

「無農薬農産物フェア」が開かれた一週間、矢崎さんの目算どおり、大盛況となった。売り子となってくれた中山千夏さんたちが「安全な野菜だよ！」と大声をあげて元気に売る姿がテレビに映った。芸能人のお祭騒ぎといっても、皆それぞれ芯の強い個性的な考えのツワモノばかりだったので、集まってくるお客さんもまた、問題意識をもった人が多かった。『複合汚染』を読んで自分も何かしたいというお客さんも多く、野菜売り場は討論会場のような熱気になった。もちろん、肝心の野菜も売れ、台風が来て電車が止まるというアクシデントもあったのだが、大量の野菜をさばくことができたのだった。

会場では、大地を守る会のチラシもたくさん配った。「こういう野菜を買うにはどこへ行けばいいんですか？」と尋ねてくれるお客さんもいて、職員はチラシを渡し、会のこと、生産者のこと、共同購入システムがあることなどを説明する。なかにはその場ですぐに会員登録してくれる人もいた。

一週間の会期の半ばから、事務所の電話は鳴りっぱなしとなった。会場でチラシを渡したお客さんたちからの問い合わせである。会期が終わって一週間後にできたリストは約八〇〇件。職員は、その八〇〇件のお客さんたちを訪ね、近所の人たちと一〇人程度のステーションをつくり共同購入してくれるよう説得して回った。

「無農薬農産物フェア」の会場が池袋であったため、池袋を起点として住宅地を控えている西武池袋線沿線のお客さんがまとまっていたのは幸いだった。半年ほどかけ、六〇〇人を越す人たちが説得に応じてくれ、既存のステーションに入ったり、また、一五〇ほどの新たなステーションが生まれた。

毎日忙しく人が動き、野菜が動き、トラックが足りない状態に悲鳴をあげるまでになった。

第3章

きたるべき社会を実現するための株式会社

◉ストーブが買えない！　一九七七年

大地を守る会設立から約二年、ようやく年間の売り上げ額が二〇〇〇万円を超えた。といって、喜んでばかりはいられない。それだけ社会的な責任も重くなるのだ。

組織自体はなんとも心もとないものだった。市民運動団体、すなわち任意団体であるが、事業部門は初代会長である藤本敏夫の個人商店のような形だった。今後、いろいろと不都合が起きることは目に見えていた。

「無農薬農産物フェア」の計画を立てていた冬、事務所が寒かったので、大型の灯油ストーブを買おうということになった。現金がなく、ローンを組もうとしたが、「大地を守る会」の名ではできないという。仕方なく、藤本さんの名義でローンを組み、個人財産としてストーブを購入した。法人でなければローンも組めない事実に改めて気づいたのだった。

そんな背景があって、年間の売り上げ額が二〇〇〇万円を超えたとき、やはりこのままの組織ではいけない、という議論になった。生産者側も、売掛金の責任をだれがとってくれるのか、なんとも不安のようである。職員も社会保険など労働条件が整わないままでは、ずっと働いてもらうにもしのびない。

また、会員が増えればそれに応じた設備投資も必要だ。新鮮でおいしい野菜を保管状態が悪くて台なしにした苦い経験もある。大型冷蔵庫など流通の必需品がどうしても欲しい。

水戸の野菜を売りたいという気持ちから始まった大地を守る会は、もはや途中で投げ出すことはできないほどに育ってきた。職員も最初は他の仕事をしながらの運動だったが、今はほぼ全力をこの会に注いでいる。学生運動のようにキリのいいところで辞めるようなものではない。皆、一生かけてやっていこうとしていた。もちろん、生産者も一生かけて有機農業に取り組む覚悟だ。それなのに、ストーブ一つすら買えないような組織で、一生かけてやっているといえるのか、いつまでも学生気分やボランティア感覚でいいのか。

私は、「運動は自立していなければいけない」と考えていた。

チラシ一枚つくるのにもお金はかかる。運動に専念しようとすれば、その金の出所は、行政の補助やカンパ、あるいは家族の稼ぎとなる。学生運動であれば、親のスネやら自治会費が頼りだったりするわけだ。いくら高邁な理想を掲げていても、人の稼いだ金や税金を使って運動するのは身勝手だし、長続きするものではないだろう。

私が初期のころそうであったように、会社に勤めながら休みの日や空いた時間を運動に使うという人も多い。だが、どちらにも全力を注ぐことは難しい。また、仕事と運動の矛盾、自分自身の存在意義に悩む場合も多くなるだろう。

運動に専念しながら、その運動と矛盾しない事柄で自らの生活費も最低限稼ぐ。そうした、理念と生活を一致させた生き方をしたいと思った。だから私は、出版社を辞め、大地を守る会で事業を展開していった。大地を守る会は、経済的に自立した存在であり、かつ社会的な運動を展開する、そんな組織であってほしい。生活と理念が両立する運動であれば、現実離れした観念的な理論を押し進めることもなく、金儲けだけに走ることもないと確信したのである。

もちろん、当時、経済と運動の両立をめざす市民運動団体などどこにもなく、事業を拡大するなど金儲け主義そのものだと思われる時代だった。あるいは、現在もなおそうした考え方は根強いのかもしれないが。

経済的に自立した運動をめざすには、ともかく今までのような大雑把な組織のあり方を見直さねばならない。では、どのような法人にするのか。議論がつづいた。

◉生協にしない理由　一九七七年

まず、穏当な意見として、生活協同組合にしようという意見があがった。だが、生協にはトラウマがあった。最初にあっさり拒絶されている。それ以外にも、生協が私たちの運動になじまないという理由がいくつか検討されていった。

一つ目。生協に拒絶されたときにわかったのは、生協は消費者の生活防衛のための組織であり、大量生産・大量流通・大量消費を前提にしていることだった。一反歩の畑でダイコンをつくろうとすれば、せいぜい四〇〇〇本がいいところだ。大量生産だといっても工場ではないから一万本や二万本もつくれるわけではない。これが生協の論理でいうと、まとめてダイコンを買うから一本一〇〇円のところを八八円にしてほしいと要求するようなことになる。こんな要求に生産者は応えられるだろうか。産直と称して、じつは生産者を圧迫することになる。

私たちがやろうとしているのは、安心でおいしいダイコンをつくる生産者の労働の質を考え、適正な技術に対する適正な価格を設定すること、そのために新たな適正な流通手段を考えることではなかったか。

大量消費のために、均質のものを大量につくり、そのために農薬や化学肥料を使ってきた結果、人間の身体や身近な生き物、環境を蝕む問題が起こっている。この状態を反省して、農薬を使わない農業でいいものをつくろうとしているのに、農産物が消費者に渡る段階で、大量生産・大量消費前提のシステムを選択することは無理があると考えられた。

二つ目の理由は、生協が消費者だけで構成される組織であることだ。大地を守る会は、生産者と消費者が共に運動に参加しようとしている。従来、米価などをめぐって生産者と消費者は対立してきたのだが、私たちは、生産者と消費者が交流し互いの立場を理解しあって、同じ地点に立って共に問題に立ち向かい解決するという姿勢でありたい。また、都市と農村の対立構造も克服したい。そうなると、生協という組織には限界を感じるのだった。

三つ目は、生協は都道府県など行政単位の認可団体であるということ。私たちは、全国組織をつくりたいと思っていた。

四つ目として、いちばん私たちらしい理由があげられた。三つ目の理由のとおり、生協は行政の許認可を求めなければならない。都道府県など行政単位ではあるが、突き詰めれば国家が認可する団体ということになる。

大地を守る会は、農薬や化学肥料の大量使用を推進してきた国の農業政策に異議申し立てをして、農薬を減らし、なるべくなら使用せずに新しい農業をしようという団体だ。言ってみれば、国家の反対分子となって闘おうとしている。それなのに、国に認可を受けるのでは、初めから首根っこを押さえられ、いつでも私たちの運動をつぶす権利を与えてしまうようなものだ。これでは、自ら活動の自由を制限することになる。

穏当と思われた生協案は、消去された。他の可能性として、社団法人、財団法人があげられた。社団法人は会員が一万人以上いないと結成できなかったし、財団法人は、当時は三億円の資金が必要だった。とてもそんな力はない。仮に条件を満たして申請しても、政治的な強いバックアップがなければ難しいという。

現在であれば、NPO法人という形があり、その道を選択していたかもしれないが、当時は、とても法人化は無理なのではないかと思い始めていた。

◉批判覚悟で株式会社にする　一九七七年

例の金曜の会でこの議論がつづいていたのだが、法人化の可能性が消え、個人商店のままいくかというあきらめの雰囲気のなか、沈黙を破ってだれかが発言した。

「株式会社はどうかな」

だれもが耳を疑った。株式会社というのは、まったくの想定外だった。市民運動団体が事業を行う例はよくあるが、株式会社になるという発想は前代未聞、奇想天外だ。

発言したのは、べ平連（ベトナムに平和を！市民連合）の活動をしていた人だった。

べ平連は、ベトナム戦争のとき日本の三菱重工がアメリカ軍に加担し、戦車を製造していることを知った。そこで、戦車を輸送させないようにするために、皆で一株ずつ三菱重工の株を買って株主総会に出かけていき、「われわれの会社は戦争に加担するな。戦車を送るな」と発言した。

この一株運動では、反対運動の対象となる会社の内側に飛びこんで「この会社はこういうことをしてはいけない」と主張する運動をしたのだが、逆の発想をもってはどうだろう。つまり、株主が「この会社はこんなことをしてほしい」と要求する。例えば、大地を守る会は、「日本の第一次産業を守る」「無農薬のものを供給して消費者の健康を守る」「日本の自然、風土を守る」と主張しているが、そういう考えをもった人たちが株主になって、その主張を会社の活動に活かす。株主だからといって、個人的な利益や配当だけを目的にするのでなく、組織の使命、理想に向かって進むことを要求し、会社を育てていく。そういう株式会社をつくってみてはどうなのか……。

この話は、じつに新鮮だった。学生運動経験者の私たちは、糾弾や告発、反対運動のあげく、内部分裂を起こして目的を見失っていく運動の辛さを身に沁みて感じていた。かといって、表側できれいごとをいう団体の裏側に幻滅することもたびたびあった。既存の市民運動の形、民主的といわれるものの内部事情に疑念を抱いていた。第一次産業、農業と関わるうえで、何か既成概念にとらわれない新たな形の必要性を感じながら、具体的なものが見えないでいた。株式会社の話は可能性に満ちていると感じられ、その場が一気に明るくなった。

商法などを改めて調べてみると、利潤追及一辺倒だと思いこんでいた株式会社は、じつに民主的な組織なのだった。また、「株式会社は株主に徹底的に奉仕する会社」「会社は株主の権利を守る」とされている。これは何も資本家に利潤をもたらすように奉仕すると捉えなくてもよいだろう。大地を守る会の場合、生産者や消費者に株主になってもらい、私たちが彼らに奉仕すればよい。私たちの場合、すぐに配当が出るほど儲かるわけではないのだから、会社が存続すればその結果、日本の第一次産業、農業を守るという配当を出せばいい。

運動の結果、農業を守るという利益が上がれば上がるほど、また運動は広がる。そして、生産者と消費者が同じ会社の株主になれば、両者の対立構造は解消し、日本の第一次産業を守っていくという使命の元で、株主同士話しあうことが可能だろう。つまり、「もっと安くしてよ」という消費者株主がいたら「とんでもないことだ」という生産者株主が出てくる。同じ会社のなかだから、双方は平等で、おさまるべきところにおさまるはずだ。

議論するにつれて、私たちには株式会社が合っているように思えてきた。要は、法人としての形式よりも中身である。それでも、株式会社になったとしたら、他の市民運動の人たち、生協、昔の学生運動の仲間などから批判されるだろうと予想された。

「オレたちには、むしろ、批判されることがいいんじゃないか。周りから厳しい目で見られれば、金儲け主義や経済効率主義に走らないで自らを正していける。ここまで開き直って、嵐のただなかにいることこそがいいんだよ」とだれかが言い、話は決まった。

大地を守る会自体は、運動部門を担当する任意団体として残し、流通部門を独立させて「株式会社大地」を設立する運びとなった。

◉生産者と消費者が株主に　一九七七年

さっそく、株式会社設立への具体的準備が始まった。株券を用意し、株主に買ってもらわなければならない。株主は、大地を守る会の生産者と消費者、その他私たち職員の個人的な知人たちだ。彼らがなるべく平等に株を保有してくれたら、金曜の会で話しあったように、皆が自分の運動だと意識をもって参加できる株式会社ができると考えた。もっとも、今にも潰れかねない会社の大株主になって乗っ取ろうという人もいないだろう。

一株は五〇円というのが普通だったが、それでは株主をどんなに集めても大した金額にならないかもしれない。どうせ説得して株主になってもらうなら、五〇円ではなく、もっと金額が大きいほうがいい。さまざまな人の意見を聞いて、一株五〇〇〇円に決めた。農家や家庭の主婦が自分の判断で出せる上限の額、勤め人なら一回の飲み代、また、万一この事業が失敗しても「ごめんね」となんとか許してもらえる金額ということで、その額に落ち着いたのだった。

印刷会社の知人が、株券を刷ってくれることになった。ちょうど大企業の株券を刷ったばかりで、名義などが印刷されていない余り用紙がたくさんあるという。そこに「株式会社大地」と刷ってやるという。すぐに、九〇〇〇万円分の株券が事務所のテーブルに積まれた。

野菜のカブならぬ株券を売る毎日がつづいた。一人ひとり、お願いし説得して歩き、集まったお金は一六九九万円になった。筆頭株主は、例によって加藤登紀子さんで、全体の二六パーセント、四五〇万円を出資してくれた。この一六九九万円を資本金に、一九七七年一一月七日、株式会社大地を登記。借金を返し、念願の大型冷蔵庫などを揃えたのである。

運動体である大地を守る会と有機農産物流通部門として独立する株式会社大地、この二つを車の両輪のようにして進むことを、外部へも宣言した。

株式会社設立に向けての提案書を書き（次ページ）、株式会社大地（以下本文では「大地」と表記）の原則、方針、使命を表わした。

◉羅針盤なき航海へ　一九七七年

株式会社設立直後から、予想どおり猛烈な批判を受けることになった。

日本生活協同組合理事の名で、朝日新聞の論壇につぎのような趣旨の投書も寄せられた。

「最近、市民運動団体に株式会社を名乗っているところがある。市民運動団体が株式会社になった例として、雪印乳業がある。農民のための会社という高い志だったが、結局は巨大な企

株式会社大地
設立に向けての提案書

生命と健康を守り、生き生きとした自然との対話のために「株式会社大地」は設立されます。私たちは、この会社を一部の人たちの利益を守るためとか、ある特定の階層の人々だけのために利用される会社として設立してはならないと思っています。そこで、私たちは次の三つを会社設立の原則といたしました。この原則を貫くことで、株式会社大地はその社会的使命と責任を全うし得ると思うからです。

❶――株式会社大地は、人間の生命行為としての食生活を見直し、社会の生命行為としての農業に積極的に関与します。そして、安全

でおいしく、栄養価のある食べ物を生産し、流通させ、消費すること
によって、この時代と未来への責任の一端を担いたいと思います。

❷――株式会社大地は、時代が希求する「生命と健康を守る」ことを
原則とします。それは自然を保全し、社会関係を調和させ、人間の
生活にとって満足のいく仕事となって表現されます。

❸――株式会社大地は、人と物と情報の流れに澱みのないよう、そ
の運営を行わなければなりません。澱みとは、人間関係において閉
鎖的であったり、官僚主義的であったりすることですし、物の関係
において投機的に扱われることです。そして、情報の関係において
秘密にされたり、偽って伝えられたりすることです。株式会社大地
は、こうした人と物と情報の流れに澱みのない「開かれた株式会社」
としての画期的な試みを行う株式会社として設立されます。

業になり、生産者、消費者から搾取している。市民運動団体は、安易にそういう方向をとるべきではない」

他の市民運動団体、知人からも、「とうとう営利主義に陥ったのか」「企業に魂を売るとは堕落も甚だしい」などと罵詈雑言を浴びた。しかし批判は覚悟のうえで船出をした私たちは、嵐が激しいほど、これから一生かけて有機農業運動と事業の両立を進める覚悟を強めていった。

そのころ、アメリカ・サンフランシスコで市民的小企業のネットワークが注目されていると耳にした。企業といえば、利潤追及、欲望の塊という印象ばかりだが、彼らは「新しい世界のために働く市民法人」をめざすという。アメリカ社会の既存の仕組みから抜け落ち、光の当たらない負の部分を補完する法人を自分たちでつくろうという動きで、今のNPO法人のさきがけのようなものだ。

運動の原則は、①正直であること(honest)、②情報が開かれていること(open)、③小さいこと(small)、④ピラミッド型の階層をつくらないこと(non-hierarchy)だという。

こうした新しい社会的な実験と同じように、私たちの会社も、先入観にとらわれない形をつくりだしていこうと思った。

現在、ふり返ってみて、このときに株式会社にしておいてよかったと思う。まず資金が集まり、それを元に自己決定して前に進むことができた。株主は、生産者や消費者であり、皆、自分たちの事業、自分たちの運動という参加意識を明確にもてた。

どこからも認可されることなく、補助金や税制上の優遇措置もない代わりに、自己決定する自由と責任感を得たのだった。他のスタイルにしたとしたら、生産者や消費者の積極的な意識を引き出すことができなかったかもしれない。

もっとも、株式会社にしたからといって、すぐに事業が安定したわけではなかった。相変わらず赤字がつづいた。経済の自立をめざしながら、まとまった支払いのたびに青くなり、加藤登紀子さんに援助を仰ぐ始末。目の前の採算はまったく合わない。いつ潰れてもおかしくない状態なのだ。

それでも、だれもへこたれない。ますます意気軒高に、大言壮語が飛び交う。吹けば飛ぶような小さな組織なのに、有機農業の将来に、なにやら勝算めいた手応えを感じていた。

ここからまた、手本や前例のない手つかずの道を歩む。つまりは羅針盤なき航海に出るのだと思うと、わくわくする気持ちだった。

株式会社設立時、共同購入グループの消費者はほぼすべて株主となってくれた。というより、「株主でなければ野菜は売らないぞ」といわんばかりの私たちの気迫に押されて株を買った人が多かったのだ。

それまで共同購入はしているが会員ではないというような人も多かったが、株主イコール会員という形にした。ただ安全な食べ物を購入するだけでなく、自分たちの運動として参加意識は高まり、会員と職員間のコミュニケーションも増した。

また、共同購入システムは、十数人が毎週顔を合わせるため、仲間意識も強まっていく。そこでは、世間話やウワサ話も交えつつ、配送職員から産地のようすを聞くこともあれば、野菜の料理法、子どもの教育など話題はさまざまに広がる。

◉問題山積の学校給食に挑む　一九七九年

あるとき、長く共同購入をつづけている東京・新宿区落合のグループから、こんな声があがった。家庭では、大地から購入する食べ物を食べているが、子どもたちの昼食は学校給食だ。その食材は、子どもの身体に安全とはいいがたい。大地の食材を給食にも納入できないものか。

新宿区落合第一小学校に通う子どもをもつ母親たちのなかには、大地の会員が三〇人以上いた。全体の児童数は八〇〇人弱であり、三〇人の熱心な声というのは、決して小さいものではなかった。

ちょうどそのころ、学校給食は転換期を迎えていた。各学校の給食室で調理員さんたちが学校給食をつくるスタイルから、市町村単位などで統合し、一か所で何千食、大規模なところでは二万食ほどを一括してつくるセンター給食とし、民間委託に変えつつあった。学校給食は全国的な合理化の流れのなかにあったのである。コスト削減で冷凍食品、インスタント食品を使用する動きもあった。

これに対して、食の安全を求め、子どもたちの命と健康を守ろうという母親たちの運動があちこちで起こっていた。大地は、その後、学校給食問題に深く関わっていくことになるのだが、ことはそう簡単に運ばなかった。

ものごとというのは、外側から見ると単純に解決しそうに思えても、実際に取り組んでみなければ、ことの本質、問題の根っこがいったいどこにあるのか、なかなか見えてこないものだ。口だけで反対や賛成を唱えていても運動にはならない。学校給食問題でもそのことを実感させられた。

例えば、学校給食の食材の流れは、当時つぎのようなものだった。文部省の管轄下に全国学校給食会という食材の仕入れを一括して行う機関がある。各都道府県の給食会もあり、各々の教育長が給食会の会長も兼任していた。その機関を通して学校給食の食材が提供される。つまり、給食会は文部省や教育委員会の利権であり、大きな財源でもあったわけだ。

食材を一括して購入するさい、コストを押さえるために大手商社からオーストラリアやアメリカなど外国産のジャガイモやタマネギ、小麦などの食材を大量に買いつけるという動きもあった。

そのころ、学校給食に取り入れられつつあったコメに関しても、全国一律に買い上げたコメを補助金をつけて分散化するという流れだった。ということは、落合第一小学校という小さな学校が、単独の流通経路で特殊な食材を購入するなどということは、まったく了解が得られないような仕組みになっていた。

落合第一小学校は、敢然とその流れに立ち向かった。大地の会員の母親たちの熱意もさることながら、そこに在籍していた栄養士の西山千代子さんの力が大きかった。

西山さんは、退職を数年後に控えたベテラン栄養士だった。大地の会員の母親たちから、安全な食材納入の提案を聞くと、すぐに校長や教育長にかけ合い、調理員さんたちや全校の他の母親たちとの話し合いの場をもった。西山さんは、直感的にいいと思ったこと、自らの信念に合致することには、打算や欲得はいっさいなく、全身全霊をかけて突き進む。あっという間に大地の会員や職員を飛び越す勢いで、学校給食問題の最前線に立ち、獅子奮迅の働きをした。

◉学校給食を通じて労働の質を考える　一九八〇年代前半

校長は、信頼厚い西山さんに全面的に任せるという姿勢であり、西山さんの采配で食材納入の可能性が出てきた。食材納入の決定権は突き詰めると栄養士が握っている。

「私の責任でなんとかするわよ」と西山さんは教育長と話をつけてくれた。

難航したのは調理員さんたちや施設に関する問題だった。

どういう食材を使うかは、現実に調理を担当する調理員さんにとって大問題である。例えば、コロッケというメニュー。パン粉までついて冷凍になっているコロッケだったら、調理員さんたちの仕事は油を熱して揚げるだけだ。もう少し手をかけるならば、ジャガイモがフレーク状になった食材を使い、それを練って、挽き肉を混ぜ整形してパン粉をつけて揚げる。

ところが、大地がジャガイモをもちこむとどうなるか。泥つきのジャガイモの泥を落とすことから始まり、皮をむき、芽かきをし、ゆでてつぶすという作業が加わる。冷凍コロッケを揚げる作業と比べると何倍、何十倍もの手間である。

現在では、大地でも安全な食材を使い、無添加の加工食品を多くつくっているのだが、当時の冷凍食品やフレーク状のジャガイモなどには、添加物や保存料が多く含まれていたり、原料が農薬を使った輸入農産物のものばかりだった。母親たちは、そういう食材を使わず無農薬の食材に変え、添加物を使わず、おいしいコロッケをつくってほしいという。だが、調理員さんたちにしてみれば、単純な話ではすまない。大幅な労働強化である。試算すると一人三時間ほど余分な労働時間となる。「指曲り症状」など職業病も心配される。

さらに、泥つきのジャガイモやゴボウなどを洗う場所も問題だ。給食の設備が、泥つきのものに対応するようにできていないため、排水のつまりや衛生上の問題が発生しかねない。施設の掃除や手入れも労働に加わってしまう。

給食の現場で働く人の労働条件と、子どもたちに安全なおいしいものを食べさせ、よい食文化を伝えることとが激しく対立してしまう。これは、まさに、効率や生産性重視の価値観と、命や環境を重視したり伝統文化を大事にしようとする価値観がぶつかりあっているのだ。

工業中心の大量生産・大量消費型の国家をつくっていくのか、第一次産業を中心とし生命の循環を壊さない世界をつくっていくのか。決して大げさではなく、その対立が、学校給食の現場という私たちの目の前で起こっているともいえた。

私は、調理員さんたちが属する労働組合・自治労の人たちとも何度も議論をした。日本の戦後、労働組合は、「給料値上げ」「労働時間短縮」を運動の中心としていた。過去に、低賃金で過酷な労働を課して資本家が搾取していた歴史を考えれば、意義ある運動だ。だが、時代が進んでもその二つだけに目を向けていると、他の大事な点がおろそかになっていくのではないか。

例えば、給食問題であれば、子どもたちに身体に悪いとわかっているものを食べさせるのは、労働として正しいのかどうか。子どもたちの命を守るという労働の意義もありはすまいか。子どもたちによい食文化を伝えたり、地域の食材を使用することで日本の第一次産業を守ることは、労働の目的にならないだろうか。

そういう価値観が労働条件と対立するならば、それは別問題として考えたほうがいい。労働時間短縮のために安直に冷凍コロッケに向かうのではなく、子どもたちの健康のために泥つきのジャガイモからコロッケをつくりたいので、あと一人調理員が欲しいと要求するような運動にしてはどうだろう。

身体に悪かろうがなるべく簡単なものを子どもに食べさせ、調理員はなるべく少人数で手間を省いて給料をもらおうということならば、何も学校に公務員の調理員を置かずとも、もっとコストを削減してアルバイトで大量生産をしてもいいわけだ。だが、調理員と名のつく人たちの労働の本質は、子どもたちの命を中心に据えたもののはずだ。ならば、ちゃんとした仕事をするために調理員を増やしてほしいという運動をすべきではないか、と私は主張した。

生命を守るという意義ある労働だからこそ、アルバイトなどに任せず、公務員である調理員が必要なのだという主張が調理員の存在価値を高め、労働組合本来の闘いにつながる。そのことを調理員さんたちは理解してくれるようになっていった。

こうして何度も話し合いを重ねて、調理員の人数を増やし、落合第一小学校に大地の有機農産物が納入されることになった。これを一つのモデルとして、東京都全体の栄養士、さらには全国の栄養士、母親たち、先生たちに向けて学校給食に有機農産物の納入を求める運動を展開した。同時に、大地を守る会が中心となり、母親たちと一緒に「学校給食を考える会」をつくり、一九八〇年代半ばにかけて大きな運動となっていった。

落合第一小学校の例は、西山さんという得難い実力者に恵まれ、調理員さんたちも西山さんを信頼していたのでわりにすんなり成功したのだが、他の小学校では校長や教育委員会の横槍が入ったり、調理員さんの理解が得られなかったり、かなり難航した。また、地域の八百屋さんの関係で遠回しに反対が起きることもあり、給食への納入は二〇校ほどで伸び悩んでいた。

あるとき、この八百屋さんの問題を根本的に問い直してみた。地域を活かすことをもっと大事にすべきではないのか。調布市にある大地を守る会の配送センターが、東京全域、千葉、埼玉の学校まで全部直接配達するのは無理がある。そうではなく、学校が、大地を守る会に注文を出す。大地を守る会は地域の八百屋さんと連絡を取りあって野菜を卸す。欠品がある場合は八百屋さんが市場から仕入れたものを足して学校に納入する。こうした流れをつくることによって、欠品問題の解消と地域の八百屋さんとの競合を避けることもできる。ある八百屋さんは、給食の分より多い数量を大地から仕入れ、自分の店に「無農薬有機野菜コーナー」をつくったりした。八百屋さんとの関係は徐々に改善していった。

八百屋さんが間に入ってくれたことで、一つ垣根が取り払われ、東京都では、最盛期には一三〇校ほどに大地の食材を納入するようになった。

◉卸し部門の会社設立——他のグループや企業にもノウハウ提供　一九八〇年

一九八〇年から、卸し部門の会社を設立しようという動きが出てきた。株式会社大地についで新しい社会のモデルとなりうる事業体の一つとして卸し専門の会社を立ち上げ、有機農業の業界全体を広げ、日本農業を変えたかった。

株式会社大地の設立で有機農産物の流通を事業化したが、事業内容は生産者会員と消費者会員をつなぐものであり、日本全体から見ればいまだ圧倒的少数派なのである。大地以外の有機農業生産者も主に産直提携を主体とし、同じく圧倒的少数派だ。農薬と化学肥料たっぷりの見かけのよい農産物は、圧倒的多数派として一般の小売店、スーパーマーケットを通して売られ、外食産業や加工品メーカーに流通していることに変わりはない。

日本農業の全体の姿も相変わらずで、農薬は厳しい基準があるといわれても、現実には農薬使用量が増加して体調を壊す生産者や、農村の水質汚染、環境被害などがなくなるわけではない。国や農協、消費者の動向などに縛られた農村は自らの姿を変えることができない。

私たちが農薬に依存する農業はおかしいと声高に叫んでも、圧倒的多数派の大きな流れにはほとんど影響も与えられず、かえって私たちが「変わり者」扱いされるにすぎない。まったくちがう世界に分断されているかのようだ。

一般の流通経路に身を置いている消費者のなかにも、有機農業に関心のある人、添加物だらけの食べ物に疑問を感じている人は多い。ところが、特殊な会の継続的な会員になることにためらいがあったり、敷居の高さを感じている人もまた多いのだ。

私たちは、一般の流通の真ん中に出ていって、そこに小さくとも確実なクサビを打ちこみたいと願った。たとえ小規模でも圧倒的多数派の流れの真ん中で有機農業への関心、理解が生まれ、有機農産物を扱う動きが出てこなければ、農業の現状は変わらないと思ったのである。

西武百貨店での無農薬農産物フェア、西友へのミカンの納入は大地を守る会としては大成功だったが、全体から見ればほんの小さな事件であり、もっと継続的で幅広い動きがなければ、何ら変化が出てこない。有機農産物に関心があるスーパーマーケットの社長がいても、成功しているモデルがなければ、大々的に扱おうという動きは出てこない。

そこで私たちからスーパーマーケットなどに働きかけ、切り口をつくり、一般の流通に変化をもたらし、日本農業の一角を変えていこうとする意気ごみで、卸し部門の会社を立ち上げることにしたのだった。

大地を守る会結成からの約五年間で蓄積した、有機農産物の生産・流通・消費という運動と事業の経験を、スーパーマーケットや外食産業、あるいは、他の有機農産物を扱う団体にもすべて提供したい。他団体とネットワークを形成し、いわば、有機農産物の物流のキーステーションをつくってしまおうという発想である。

そのころ、大地以外にも、有機農産物を扱う団体が少しずつ増えていた。だが、小さな共同購入グループで、生産者との交渉、配送トラックの手配、注文の取りまとめと通信、さらにニュースの発行などをやろうとすると膨大な作業になる。

また、狭い有機農業の世界で、そうした団体や生産者同士が、互いの相違点を攻撃したり、過剰なライバル意識をもつ場面も見られた。内幕、裏側を知っているだけに見方も厳しい。人間、だれしもきれいごとだけで生きているわけではないのだが、ちょっとした弱点を見つけるとそこに集中砲火を浴びせたり、よそに回って悪口を言う。

もっと未来に向かって闘いの場を外に広げていきたい。それには、競合他社が増えることを恐れたり、拒否したりするのでなく、むしろ多くの人を育て、有機農業の業界を広げて、共に育つようにしたい。そうした思いもこめて、一九八〇年に、有機農産物の卸し専門会社として、株式会社大地物産を立ち上げた。

山梨県の「甲府土と健康を守る会」という消費者グループは長野県や山梨県の生産者と独自に提携したいと思っていた。共同購入をしたいのだが、主婦だけのグループで仕入れ法がわからない。トラックもない。そこで、大地のトラックを使い、独自の農産物や加工品に大地物産が卸す農産物や加工品を合わせて共同購入を始めた。自立した組織同士の提携という形をとった。その後、やはり少人数で共同購入の全過程をこなすのは荷が重すぎるため、大地を守る会が仕入れや注文なども引き受けることになった。

また、ポラン広場という有機農産物の八百屋さんのネットワークが日本農業連合（JAC）と分かれて独立した直後、大地物産から農産物を卸したり、大地を守る会の生産者を紹介していった。

静岡県の消費者団体「自然と暮らしを考える会」、千葉県の「市民クラブ生協」、東京都の「北多摩生協」などにも、初期のころ、大地物産と提携する形で有機農産物を卸した。後には「らでぃっしゅぼーや」や「夢市場」などとも卸しや生産者紹介で提携していった。

学生運動出身の私たちは、運動論を考えることが一つの癖になっているのだが、「卸し」を運動論的にいうならば、「統一戦線」と考えた。一つのセクト、あるいは単独の大学では闘いきれない大きな問題に向かうとき、多くの勢力が結集し、連合して運動していこうとするものだ。

それぞれの勢力は主張も、哲学も、成り立ちもちがうのだが、大きな目的に関しては共通の認識をもつ場合がある。学生運動でいえば、ベトナム反戦などの場合、細かい主張のちがいを乗り越え、運動を組み立てていく。その場合、連合する相手と話し合い、こちらの主張も通しながら相手の話も聞き、ある程度互いにがまんしなければ統一してやっていくことは難しい。

有機農業運動においても、多くの団体がそれぞれ少しずつ主張はちがう。そこを乗り越えて、有機農業、第一次産業を守るという一点でつながることができると考えた。そのために、私たちも、五年間蓄積してきた経験はすべて提供しよう。「事業としての卸し」を「運動としての統一戦線」と位置づけ、運動論の裏づけをしながら卸し事業を展開していったのだった。

他団体に生産者を紹介していくことは、生産者の側から見ると、取引先が増えることになる。今まで一〇〇パーセント大地にだけ農産物を売っていた場合、例えば、大地には五〇、ポラン広場に三〇、その他自分たちで直接提携する消費者に二〇パーセントという具合に割りふる。そうすることで、生産者は大地を守る会にかかえこまれて消費者のいうなりになる心配がなくなる。まして、会員でありつつ株式会社大地の株主でもあるわけだから、その立場は強いものだ。自立した生産者として、どの団体にも自分の言いたいことを主張できる。

また、農産物が採れすぎた場合でも、引き取り手が複数あるので、融通が利きやすいという利点もあった。

大地が他団体とのネットワークを結ぶことで、生産者が消費社会に従属しない自立するあり方が見えてきたことは嬉しい収穫だった。そして、生産者は、一〇〇パーセント引き取りからくる甘えがなくなり、自らの力で売り先を開拓し、力がついていくケースが多かった。

◉スーパーマーケットに有機農業の種子を植える　一九八〇年代後半

一般のスーパーマーケットなどへの卸しは、やはり簡単な道のりではなかった。

人の紹介でスーパーマーケットに営業に行く。社長、店長などはよく話を聞いてくれ、有機農業に対する関心もかなりあって、卸しを引き受けてくれる。ところが、現場のバイヤー、店員には、有機農産物はまったく不評なのだ。まず、虫がついていたり、虫食いがあるものは、商品とはいえないと断言される。欠品などおよそ信じられない。お客様の苦情が増え、返金や取り替えが増えるばかりだから、とてもそんな農産物は扱えないというのだ。

いかに店頭を美しく見せるか、見映えのする商品を飾るか、いかに安く売るかといった価値観で動いている彼らにとっては、泥つきでチラホラ穴のあいている有機農産物は、商品価値の劣ったものでしかない。しかも普通より高いのでは売りようがないというわけである。

大地を守る会の共同購入者でも、苦情はいろいろある。しかし、もともと安全なものが欲しいと思って会に入ってくる人と、初めから有機農業にまったく関心のない人とでは、受け入れ素地がまったくちがう。まして、会社によって数字で管理されている店員たちは、売り上げの減少は自分の成績につながり、生活に直結する大問題だ。売れない商品を扱うことはできない。虫食い、欠品に対する怒り、ペナルティの要求が声高にくり返される。

だが、それだからこそ、売ることにかけて専門家である彼らは、なんとか売ろうとする意欲によって変わっていく可能性もある。

この商品の「売り」は、見かけでなく中身なのだと発想の転換さえできれば、お客さんの苦情にもたじろがなくなる。「虫食いがあるから返金してよ」というお客さんに対して、「本来は、虫も元気な畑で育った野菜こそ安全なんですよ。中のほうはきれいだし、とにかくおいしいんですから」と、お客さんの心に届く真剣なトークが出てくる。もっと勉強熱心なバイヤーや店員なら、生産者の努力や農薬の危険性まで踏みこんで語る。そこで納得して有機農産物を買って、「おいしかったから、また買うわ」というお客さんも出てくるのだ。

消費者の苦情に負けずにがんばることで、スーパーマーケットの店頭でも新しい顧客ができる。今までとはちがう価値観で食べ物を選ぼうとする人が出てくる。こうした動きこそ、私の望むところであり、ごく普通のスーパーマーケットの店頭でも、小さくても有機農業運動が各地で展開されていくことを期待した。

私たちの側も、今まで内向きの組織のなかで、いくらか甘えがなかったかどうか、改善できる点はないか、緊張感のある真剣なまなざしを学んだことも事実だ。外側の世界に出ていき、その社会のシステムのほんの一部を変えようとすると、いかに抵抗が激しいものか、身をもって学びつつ、スーパーマーケットにも販路を見つけていった。

スーパーマーケットに限らず、漢方薬などを中心に扱っていた自然食品の小売店にも、大地物産の営業マンを派遣し、大地の農産物を扱ってくれるよう説得して回った。

有機農業運動とまったく関わりをもっていなかった分野に「有機農業の種子」を植えつけていったことが、大地を守る会が卸し部門の法人を設立した大きな成果だろう。

卸し専門会社の設立にあたって、外部から「いよいよ拡大路線をとり営利主義に陥っている」という批判は、もちろん予想していた。しかし、最初の株式会社設立で受けた向かい風の厳しさを経験した私たちは覚悟もできており、外部からの批判を怖れてはいなかった。

予想外だったのは、大地を守る会の内部から起こってきた批判である。共同購入の消費者会員から、「スーパーには品質のよいものを卸して、その余りものを私たちに引き受けさせているのではないか」という声があがったのだ。

当然のことながら、共同購入者のものと卸し用のものは、作付け段階で、異なる畑に分けている。生産者や畑それぞれの個性はあるものの、同じ生産者の畑でとれた品質の悪いものを共同購入者に押しつけるようなことはない。私たちを信頼し、初期からずっと支えてくれ、共に運動してきたもっとも大切な人たちを裏切ることができようはずはない。だが、批判がある以上、スーパーマーケットの場合と同様、努力で改善できる点がないかを見直していった。

内外の批判にさらされたことで、自らを慎重に点検する機会となった。生産者も技術の向上に務めた。「統一戦線」の正しさを確信し、その後、海産物の卸し専門の株式会社大地水産、畜産物の株式会社大地牧場などを設立していった。

◉藤本敏夫会長辞任　一九八三年

一九八三年の年が明けたころ、会長である藤本さんが突然辞任したいと言いだした。藤本さんは、七八年ごろから運動家は結局のところ現場に身をおかなければダメだと言うようになっていた。私をはじめスタッフは皆、また藤本さんがわけのわからない大言壮語を吐いているくらいにしか考えていなかった。

それが、突然辞めると言いだしたのだ。私たちは驚いてしまった。本気だったのだ。後に藤本さんも自分の著書で、そのときの気持ちは自分でも正確にはわからないと書いていた。ただ、新しいライフスタイルへの想いが募ったから、気持ちがそちらに動いたのだという。

藤本さんは、辞任の理由を鴨川の自然王国建設に本格的に取りくむためとし、大地の機関紙につぎのような書き出しで声明を発表した。

「大地を守る会が活動してから八年。この運動の大切さと楽しさをより確かに知り始めたこの時期に、私は日本農業とこの社会の転換をそう遠くない未来に確実に感ずるがゆえに、自らに課せられた新しい役割を果たすため、大地を守る会会長を辞任することにしました。三〇代のほとんどを会の活動のなかで過ごした私は、自分の育ての親ともいえる会を離れる淋しさを、ときには抑え難いほど感じますが、つぎの役割への魅力断ち難く、わがままを通させていただくしだいです……」

会長辞任にあたって、ステーションの主だったリーダーに集まってもらい、お別れの会をした。消費者のなかには、鴨川に行っても会長職はつづけられるのだから辞めないでと訴える人たちもいた。八〇人ほどの消費者を前に藤本さんは話しはじめた。大地を守る会の活動をふり返り、苦しかったこと、楽しかったことに触れた。すると突然、言葉がとぎれとぎれになった。そばに座っていた私は、思わず藤本さんの顔を見た。頬に涙が伝い、一部は唇にかかっている。

「私も歳をとってしまい、涙もろくなってしまいました」と苦笑している。

学生運動時代、防衛庁闘争で数百人の学生たちに巨大な丸太棒を抱えさせて、正門に何度も何度も突入させた、あの藤本敏夫が涙している。だれがこんな藤本さんを想像できただろう。ときの国家権力が恐れ、泣く子も黙る全学連委員長としての強い藤本さんが、今は自分は農民になる、わがままを許してくれと一人の素直な人間になりきっている。消費者も皆、涙を浮かべていた。私は、そんな藤本さんを前にもまして好ましく感じていた。

私たちは、ロシア革命のときのレーニンの「別個に進んで共に撃つ」という言葉を引用して、別れることにした。

◉ステーションに小さな変化が起きた　一九八三年〜

一九八三年ごろから、共同購入方式に変化が起きていることに気づいた。ステーションの数は毎月増えているのだが、一つのステーションを構成する人数が、少しずつ減っているのだ。そのころ、約三〇〇あったステーションの平均人数が、一九八〇年ごろは一三人。そこから一二・八、一二・六、一二・四となっていく。

現場で何が起きているのか、意見を集めてみた。今まで多いところでは二〇人近くの人たちが一緒にステーションを運営していた。それだけの人数がいると、遠くて不便な人もいれば、気の合わない人もいる。そういう人たちがステーションを出て、自分たちの近所の人を誘って新しいステーションをつくるということが起こっているらしい。

ちょうどそのころ、子どもたちの世界で、野球チームがつくりにくくなっているという話があった。野球チームは、最低九人いなければつくれない。気の合わないチームメイトがいたり、自分のやりたいポジションが取れなかったり、意見が合わなかったりすると、がまんしないですぐ辞めてしまうのでチームが成り立たないという。

どうも、同じことが大人の世界でも起こっているようだった。無理にがまんして人に合わせようとしなくなっている。ある意味では個性重視であり、別の角度から見れば自分中心といおうか。この傾向がつづくと、共同購入方式はさらに細分化され、配送個所がどんどん増え、しかも一か所の荷物は少なくなる。つまり配送の職員に負担がかかってくることが予想された。これでは、経営的にも先行き不安である。

もう一つ、共同購入方式に限界をもたらす社会的変化があった。女性の社会進出によって専業主婦が減少していた。職業をもつ女性やパートタイムで働く主婦が増加していた。

考えてみれば、共同購入は、専業主婦に対応する組織だったのだ。有機農産物を積んだトラックが各ステーションを回るのは平日の昼間だ。一〇キロ箱、四キロ箱などに入った野菜がステーションに届けられると、待っていた主婦たちが皆で計りながら自分の分をもって帰る。たまたま用事で立ちあえない人の分はだれかが預かったりしながら、運営してきた。

ステーションに集まり、配送に立ちあい、配送職員と話し、大小いろいろある農産物を分けあうことも、積極的に流通に参加している自覚に裏づけられていた。つまり、ステーションは有機農業運動の現場であり、共同購入の担い手は活動家なのだという感覚があった。

ところが、その活動をしたくても、仕事をもってしまうと時間的に難しい。だれかがパート勤めを始めると、最初のうちは、他のだれかが預かってうまくいく。しかし、仕事が終わって引き取りにいくことがたび重なるうちに、何となく気まずい雰囲気になったり、申し訳ない思いが出てきて、共同購入は無理だと判断して辞めてしまう人が増えているようだった。

有機農業運動に対して熱心な思いがある人たちが、やむをえず大地を守る会から離れ始めていることに気づいた。卸し部門は順調だったが、大地を守る会の根幹は共同購入の人たちだ。私たちは、共同購入の前途に危機感をもったのだった。

共同購入方式をとっている生協など他組織はどうしているのか調べてみた。生協はそのころ店舗が中心だったが、関西地域では、共同購入方式が多かった。そこでは、二～三人という極小規模のステーションも増えていたのだが、それらを統合して一五人以上の大ステーション化する動きが見られた。

大地を守る会の消費者数人に、大ステーション化をどう思うか聞いてみると、

「何いってるのよ。今だってステーションが遠いから困るっていう人が多いの。ステーションを統合したらもっと遠くなる人が増えるじゃない。そしたら辞めちゃうかもしれないわよ」

と、けんもほろろの口ぶりなのだった。

◉宅配制——大量物流でなく極端に小さくなってみる　一九八五年

そのころ、日本の運送業は、鉄道からトラック輸送に切り替わり始めていた。日本中に高速道路ができ、トラックによる大量物流方式が始まって、多くの運送会社が物をまとめて大きく運ぶという方向に向かっていた。

ところが、ヤマト運輸だけが、逆の方向を向いていた。宅急便と名づけて、個人の戸口まで小さな段ボール箱一個でも運ぶ小口宅配を始めたのだ。この宅配は、コストがかかりすぎる点で運送業界やマスコミの評価が低かったのだが、消費者の支持は高かった。

若い世代には実感しにくいと思うが、つい三〇年前までは、個人で段ボール一箱の荷物を送ろうとすると、結構面倒なものだったのだ。鉄道のチッキを使い、駅まで自分で荷物をもっていき、受け取る側も駅まで取りにいく。それなのに、ヤマト運輸の宅急便は近所の酒屋さんな

どの集荷所にもっていけばよいし、宛先の戸口までもっていってくれる。業界内で圧倒的に不利といわれていた宅急便は、大量物流の逆を突き、極端に小さくなることでみごとに成功した。この話は本になり、私も興味深く読んでいた。

大地を守る会も、ステーションの人数が減ることを恐れて歯止めをかけようとするのでなく、もっと極端に小さく、一軒一軒配達してはどうか。配送の負担はトラックや職員を増やすことで解決してはどうか、と考え始めた。

そこでまた、消費者に相談してみた。今度は食ってかかるような激しい反発がきた。

「なにを馬鹿なことといってるの。私たちは、ただ食品を買っているわけではないのよ。あなたたちも言っていたように、生産者の農業に対する情熱とか、苦労とかそういうものを丸ごと買っているのよ。ステーションの皆で共感したり、学んだりもしてきた。子育てや社会のことも情報交換してきた。都市で暮らす主婦は、社会から切り離され、ばらばらにされている。有機農業運動という共通の意識をもった人が結束できる共同購入の場は、私たちにとって都会のオアシスみたいなものでもあるの。無言で商品を買うスーパーとちがって、言葉があるのよ。そういう場をばらばらにして、個人主義を増長させるつもりなの？　井戸端文化をもう一度つくろうと言ったのはあなたたちじゃないの」

もっともな意見ではあるが、私たちは、共同購入方式を廃止しようと言っているわけではなかった。もともと共同購入組織は、大地を守る会の下部組織ではなく、自立した組織だ。ステーションを保ちたい人たちは、魅力的な人間関係をつくってつづけていけばよい。ステーションが宅配の出現でただちに存在が危うくなるのだとしたら、ステーション自体の活動に魅力がないからではないか。ステーションを井戸端文化の拠点にしたいという思いは、上からの押しつけでなく、会員それぞれの主体的なかかわり方がなければ実らないだろう。

一方で、働く女性が増えている現実を考えると、ステーションだけでは有機農業運動自体が社会の動きに対応しない、取り残されたものになる可能性もあった。

また、都会では高齢者だけの家庭も増えてきた。有機農産物を購入したい高齢者や障害者はステーションの活動より個別宅配を望んでいたし、共稼ぎや一人暮らしの家では宅配も夜間でなければ受け取れない。有機農業運動に参加する消費者を専業主婦だけに限定してしまうほうが、無理があると思われた。

もちろん、今まで培ってきたステーション活動の意義は大きい。ステーションを利用しない人たちにも、有機農業運動に自ら積極的に参加する意識はもってほしい。そこで、情報の流し方を工夫したり、産地との交流は独立した部門をつくって充実させた。料理や子育てについて話しあう会や講演会は、土曜や日曜に企画するなどして、ステーションで行われてきたものに代わるネットワークを充実させていく。そして、物の流れは単純化して、専業主婦以外の人でも気兼ねなく買えるシステムを用意する。その方向を選択することになった。

それでも、内部の消費者から根強い反対の声があったので、まず実験的に、東京・調布の事務所を中心に半径五キロメートル圏内で夜間宅配を行うことにした。チラシを撒いたところ、かなり反響があり、一〇〇軒ほどの宅配を始めることになった。

昼間共同購入で配送した職員が、同じトラックで夜間に宅配を行うという構想もあったが、「そんなに働けない！」と職員から総スカンを食らった。そこで、「赤帽」と学生アルバイトを頼み、大地のトラックで夜間宅配を始めた。

やってみると、宅配は非常に手間のかかるものだった。配達は週一回。配送員が一軒ずつ回り、注文された品物を段ボール箱に入れて届ける。同時に、次週配達分の注文用紙と前週の箱や卵容器などを回収する。昔の御用聞きと同じスタイルといえようか。

ステーション方式では、産地から届く箱に入った農産物をそのままもっていけば、消費者が自分たちで分けてくれた。だが宅配となると、各自が注文したものを一つの箱に職員が詰めなければならない。

初期のころは、じつに原始的なやり方をしていた。農産物集荷所に、箱を並べてその上に載せるとコロコロ転がるコンベアを据えて、その周囲に人が立つ。それぞれジャガイモ係、ニンジン係、トマト係などだ。そして、注文を読みあげる係が、「ジャガイモ三、ニンジン二、トマト五」などと大声で叫ぶと、係がその数の野菜を箱に放りこんでは箱を回していく。声が通らず数をまちがえたり、抜けてしまったりもする。そのうちトランシーバーを各自がもつなど進化していき、とうとうコンピュータの登場となった。

夜間宅配は評判となり、半径一〇キロメートル、二〇キロメートルと広げていった。共同購入の消費者にもしだいに理解されるようになり、職員側も軌道にのってきたため、昼間の宅配も始め、名称を「自然宅配」としたのだった。

宅配によってまったく新しい会員が増加した。ステーション方式から宅配に変更する人もいたが、ステーション方式が好きだからそのまま継続するという人が大多数だった。ステーションの数はほとんど減らなかったのである。宅配、ステーション、それぞれのよさが活かされる結果となった。

産地情報は情報誌『プロセス』に載せ、テレフォン・サービスも始めた。ステーション単位で行っていた産地見学を、『プロセス』誌上で広く募集する形に切り替え、夏休みの子ども参加など、遊びの要素も取り入れた形にしていった。子育てなどに関する講演会や、反原発運動など大地を守る会が取り組む運動に関する情報も『プロセス』に載せ、共同購入会員も宅配会員も皆平等に自由参加とした。

一九八〇年代後半から一九九〇年代前半にかけて、他団体やスーパーマーケットなどへの卸し、学校給食で裾野を大きく広げながら宅配に踏み切ったことは、大地の組織を飛躍的に拡大していくきっかけとなった。

◉拡大、そして分解で全体勢力を増す　一九八〇年代後半〜九〇年代

大地を守る会が株式会社大地をつくり、さらに、卸しや宅配で事業を拡大していく過程で、一つの矛盾を乗り越える必要があった。

有機農業は大量生産・大量消費の社会とはちがった「適正規模」を重視しなければならない。一方で、有機農業を少数派の位置から一定の社会的勢力に到達させるよう、農村のあり方を変え、消費者の意識や価値観も転換させて有機農業運動を広めたい。つまり、農業の質においては適正規模を維持しつつ、勢力を拡大させるという、一見相反する動きを一つの組織が実現しなければならない。単なる拡大路線に堕しては、有機農業運動は貫けない。

私たちは、組織が同心円的に拡大するのではなく、つぎつぎと「分解」し、全体として大きな勢力をつくりあげていく道を探った。十分に力をつけ基盤を築いた小さな組織が自立する。それぞれ独立した組織間で提携と連合を図る。そうしたあり方を模索した。

具体的に言えば、株式会社大地は配送センターを調布にもっていたが、千葉、神奈川、埼

玉、山梨などにもつくり、それぞれ独立、自立させて地域に立脚した組織づくりをめざした。

各地に適正規模の地場生産・地場消費（地産地消）型の組織をつくり、しかもそれらの組織が相互リンクして全体として大地を守る会の理念を実現する社会的勢力へと成長していく。そのような組織づくりを展開したいと思った。

一九八八年には、地域ステーションと個人宅配会員という両者の基盤をふまえつつ、地区連絡会という形で消費者会員を新たにまとめた。こうした組織化に対して、それまでのびのびと活動してきた消費者会員から自発的な運動の芽を摘むものだという反発もあった。だが、地区連絡会もまた、ステーション同様、大地を守る会の下部組織ではない自立した組織であり、運動や運営に自由に参加できるものであることを確認した。

各地区にできた地区連絡会は、学習会や稲作体験、親子芋掘り体験など独自の企画を立て、自由に活動していった。

また、全国に広がる生産者を北海道・東北・関東・甲信越・中部・西日本の六つのブロックに分け、各地で生産者ブロック会議を行うことにした。これもまた、大地を守る会の支部や下部組織という位置づけではなく、自立した組織なのである。生産者間で情報交換や技術交流を行っている。

その後、大地を守る会は分解や再びの統合などを経て、二〇〇五年現在、次ページのような

大地を守る会の構成

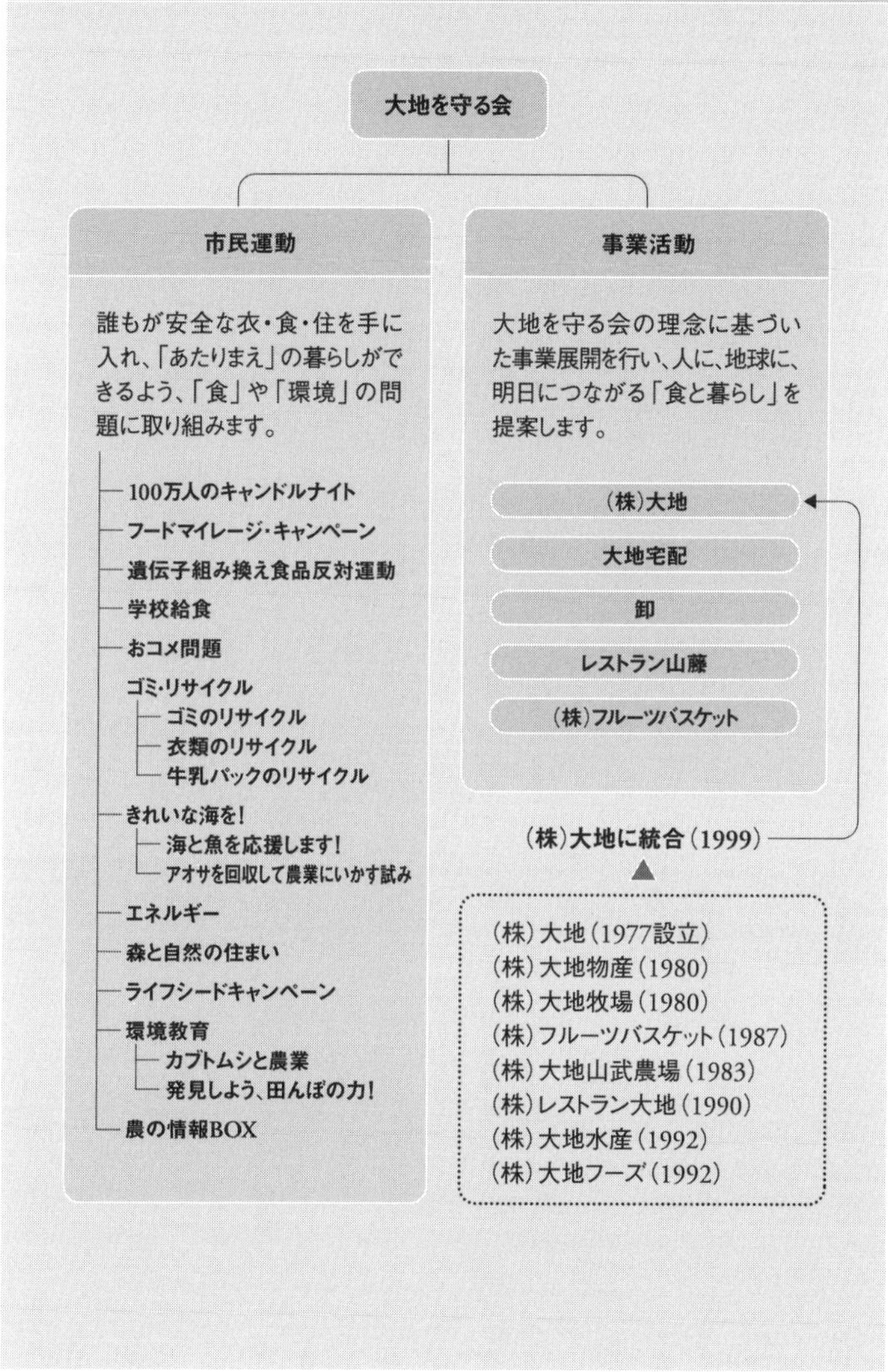
大地を守る会
市民運動
誰もが安全な衣・食・住を手に入れ、「あたりまえ」の暮らしができるよう、「食」や「環境」の問題に取り組みます。
100万人のキャンドルナイト
フードマイレージ・キャンペーン
遺伝子組み換え食品反対運動
学校給食
おコメ問題
ゴミ・リサイクル
ゴミのリサイクル
衣類のリサイクル
牛乳パックのリサイクル
きれいな海を！
海と魚を応援します！
アオサを回収して農業にいかす試み
エネルギー
森と自然の住まい
ライフシードキャンペーン
環境教育
カブトムシと農業
発見しよう、田んぼの力！
農の情報BOX
事業活動
大地を守る会の理念に基づいた事業展開を行い、人に、地球に、明日につながる「食と暮らし」を提案します。
（株）大地
大地宅配
卸
レストラン山藤
（株）フルーツバスケット
（株）大地に統合（1999）
（株）大地（1977設立）
（株）大地物産（1980）
（株）大地牧場（1980）
（株）フルーツバスケット（1987）
（株）大地山武農場（1983）
（株）レストラン大地（1990）
（株）大地水産（1992）
（株）大地フーズ（1992）

組織となっているが、この形は、卸しと宅配を始めたころの考え方が基礎となっている。

第4章

地域に根ざしながら国を超える

1──一つの経済システムとして成り立つモデルづくり

運動を反対だけに終わらせず、解決策を示し、小さくてもよいから社会のなかで事業化する。既存のものに替わって、経済システムとして成り立つモデルを示した一つの事例として、ロングライフミルク反対運動・低温殺菌牛乳開発がある。

◉ロングライフミルク反対運動　一九八一年〜

一九八〇年ごろ、日本の牛乳業界に変化の波が押し寄せていた。厚生省(現・厚生労働省)が定めている食品衛生法の乳等省令のなかに、日本国内で流通する牛乳の流通方法は冷蔵でなければならないというものがあるのだが、常温での流通を認める動きが検討されていた。

当時、外国からのさまざまな分野での市場開放、規制緩和の圧力があった。諸外国で、超滅菌処理をして常温でも二〜三か月間腐敗しないロングライフミルク(LL牛乳)が開発されており、日本への輸出が検討されていた。小売店でも常温であれば売り場が冷蔵庫に限定されないため、売り上げ増加がみこめる。そこで、厚生省が流通の冷蔵枠をはずすことを検討しはじめていたのである。

輸入だけでなく、国内の大手乳業メーカーも、超滅菌設備を揃えて生産に踏み切ることは難しくない。中小メーカーも追随することになろう。ロングライフミルクが市場を席巻し、牛乳業界は大きく変化する可能性が出てきたのだ。

国内の小規模の酪農家は、今でさえ牛乳の価格下落に苦しんでいる。そこに国内や外国のメーカーが大量のロングライフミルクを販売したらさらに価格の下落が予想される。私たちは日本の健全な酪農の前途に危機感を覚えた。

また、超滅菌という方法に問題があった。自然の牛乳には多くの栄養素のほかに種々の細菌が含まれている。大腸菌や結核菌など有害菌が含まれている可能性もあるため、特殊な場合を除いて生乳を加熱して殺菌処理をすることが食品衛生法で義務づけられている。だが、一〇〇℃で沸騰させたとしても一部の熱に強い細菌は残り、常温保存すれば腐敗してしまうため、流通にあたっては一〇℃以下での保存も義務づけられているのだ。

ロングライフミルクは一四〇〜一五〇℃の超高温で滅菌し、無菌状態で充填する。まったく無菌であり、常温でも腐らない。一見、大変よさそうだがそうではない。そもそも無菌とは不自然な世界だ。空気中にも私たちの体内にもたくさんの菌がいる。有害菌もいるが役に立つ有用菌もいる。だが、ロングライフミルクは有用菌まで完璧に死滅させてしまう。

また、牛乳に含まれるカルシウム、カゼインなどのたんぱく質、ビタミン類などの一部が変性したり、消化不能となったりする可能性がある。また、生乳中には存在しない発がん物質である過酸化水素が検出されたと指摘する学者もいた。

つまり、栄養豊富で完全食品といわれる牛乳が、超滅菌によって、まったく別の不完全食品になってしまうばかりか、むしろ身体に害を及ぼすものになってしまう可能性があるのだ。もちろん、厚生省寄りの学者は、「安全性にまったく問題はない」というのであったが、危険性がゼロといえないものを流通させるのはおかしい。せめてＬＬ牛乳が学校給食に入ることだけは差し止めたい。

そこで、日本の酪農を守る、子どもたちの健康を守る、という二つの立場から、ロングライフミルクに反対しようと呼びかけた。結果的に、さまざまな立場から反対運動が起こり、ロングライフミルクが学校給食に採用されることはなかったし、大規模な生産、輸入にいたらずにすんだ。だが、その後一九八五年には乳等省令は改正され、日本でも全体の二パーセント余りのシェア（市場占有率）でロングライフミルクが流通するようになっている。

この反対運動の途上、私たちはロングライフミルクにただ反対するだけでなく、それに代わる牛乳を準備し、地域に根ざした健康な酪農を育てようということになった。

牛乳を改めて見直してみると、主に左表のような殺菌方法があるという。

消費者団体や生協が扱っていたよつば牛乳を含め、当時一般的に流通していたのは、一二〇～一三〇℃の超高温瞬間殺菌法による冷蔵牛乳だった。小規模メーカーでは、八五℃や七二℃

の殺菌法もあったが、高温になるほど栄養価は落ちる。やはり六三℃による低温長時間殺菌法が理想の牛乳ではないかという結論に達した。

「六三℃で三〇分間」という基準は、人と牛に共通な病原菌である結核菌が完全に死滅する最低温度・時間として国際的に設定されているものだった。フランスの細菌学者パスツールがワインの腐敗を防ぐために開発した殺菌法であるため、パスチャリゼーションといわれ、ヨーロッパでは一九世紀末からこの殺菌法が牛乳にも応用されるようになったという。

なんとか、このパスチャリゼーションの牛乳を大地を守る会で開発し、商品として成り立たせたいと思い、全国の酪農家、小規模の

冷蔵で流通する牛乳	
低温長時間殺菌法（LTLT）	62〜65℃、30分間保持
高温短時間殺菌法（HTST）	72〜75℃、15秒
超高温瞬間殺菌法（UHT）	120〜130℃、2〜3秒
常温で流通するLL牛乳（ロングライフミルク）	
超高温瞬間滅菌法（UHT）＋無菌充填	140〜150℃、1〜2秒の殺菌後、光と空気が遮断される容器に無菌状態で充填する

◉牛乳の殺菌方法

牛乳工場を訪ね歩いた。

静岡県・丹那の小さな農業協同組合で、酪農家や工場の人たちと話しあう機会があり、技術や設備において可能性がある牛乳工場が見つかった。大地を守る会の職員、消費者委員が工場説得をくり返した。工場側から、大地を守る会が長期間買いつづけてくれるのか、低温殺菌法のために万が一事故が起こった場合、だれがどこまで責任を負うのかなど、数々の疑問点が出され、なかなか製造に踏み切れない。

低温殺菌牛乳をつくる設備は、三六〇リットル入りの「パス」と呼ばれる昔ながらの釜だった。少なくともその一釜分が毎日製造されることになる。となると、大地を守る会だけでは消化できそうもない。そこで、静岡県内のいくつかの消費者団体、清水自然と暮らしを考える会、黒里を耕す会などとともに、「丹那の低温殺菌牛乳を育てる団体連絡会」(略称・丹低団《たんていだん》)をつくった。この「丹低団」は、文字どおり「少年探偵団」をもじったものだった。単に牛乳の取り引きをするだけでなく、低温殺菌で酪農に取り組もうとする生産者を応援し、丹那という土地の風土と文化にできるだけ触れようという気持ちの表われだった。「ボ、ボ、ボクらは不良少年探偵団……」などと皆で口ずさんでいた。一〇か月ほどにわたる交渉の結果、全量引き取りを条件にようやく製造されることになった。

こうして、一九八四年、大地を守る会は全国の他メーカーに先駆けて「パスチャライズ牛乳」

を商品化し流通させた。その後、消費者の間で低温殺菌牛乳への関心が高まり、各メーカーはこぞって製造を始めた。

ロングライフミルクの超高温、超滅菌という流れに対抗し、まったく反対の発想である低温殺菌牛乳ブームをつくりあげ、一般の市場でも各メーカーの低温殺菌牛乳を合わせると二パーセントあまりのシェアができるまでになった。これは、現在ロングライフミルクとほぼ同じシェアである。

この経験は、ただ反対を唱えるのではなく、自分たちの理想を現実の形にして世の中に提案し、小さくても事業として成り立たせるという点で、私たちの大きな自信となった。日本の市民運動の歴史においても、運動の事業化を成し遂げ社会に影響を与えたモデルとして記念すべきものだろう。

学校給食を通じても多くの市民団体や生協と関わりがあったが、低温殺菌牛乳を通じて、つながりが深まったことは、その後の運動に大きく影響してくる。

丹那の多くの農家との縁も意義深く、一九八八年には、大地を守る会と丹那の農家とが協力して、農産加工法人・株式会社フルーツバスケットが誕生した。地元で生産されるイチゴ、ニンジン、カボチャなどを原料にしたジャム工場、ケーキ工房ができていった。農産物生産にとどまらず、加工の技術を含めて地域が活かされるモデルとしても、丹那は先例となった。

◉「ばななぼうと」で南の島へ――赤字を払拭する人間関係　一九八六年

ロングライフミルクで他団体とのつながりの出てきた一九八六年四月、チェルノブイリで原子力発電所の大規模な事故が起こった。この事故をきっかけに、日本でも原発反対運動が激しくなり、私たちは、さらに他団体と行動をともにする機会が増えた。

市民運動団体もさまざまであり、消費者運動、住民運動、共同体づくり、海外でのＮＧＯ参加など、形や目的もいろいろ、それぞれ運動の進め方について試行錯誤していた。一九七〇～八〇年代にかけて、そうした運動が日本中で数多く起こってきたのだが、ほとんど横のつながりがなかった。

目的や哲学はちがっても、問題意識をもって同じ時代に生きるものとして、これからあらゆる局面で連携し、大きな力をもつことができないものかと、私は思っていた。

だが、そうした団体を注意深く見ていると、私と同世代の人たち、学生運動の元活動家が中心になっているところが多いのだ。かつて痛烈に批判しあったり、殴りあったりするほど対立し、ばらばらになっていった人たちだけに、一気に連携を組むのは難しい。

とりあえず、一堂に集まる機会をつくってみようではないかという話になった。場所や雰囲気もリラックスできるところで、腰を落ち着けてじっくり、ざっくばらんに話ができる形がいい。原発や農業、福祉、教育などさまざまな議論をするけれども、初めから硬いテーマを前面に押し出すのではなく、楽しさもある呼びかけ方をしたい……。出てきたアイデアが、「ばななぼうと」というものだった。

日本人の多くは、かなりのバナナ好きである。日本に出回っているバナナは、台湾やフィリピン産のものばかりだが、じつは、石垣島、徳之島、奄美大島など日本国内の南の島でもバナナはとれる。日本中の市民団体の代表が集まって豪華客船を借りきり、日本の南の島々を巡り、バナナを探しながら一週間過ごしたらどうだろう。船の中や帰港する島々で、きっと自然な形で交流できるのではないか。

「ばななぼうと」の名称は、一九五七年にヒットしたハリー・ベラフォンテの「バナナボート」の陽気なノリも表わすものだ。もちろん、国産バナナを探すことには、輸入農産物に押される日本農業について皆で考えようという願いも含まれる。

さっそく、日本消費者連盟、ポラン広場、四国の徳島暮らしをよくする会、中部リサイクル運動市民の会、水俣大学を創る会、日本ネグロス・キャンペーン委員会、そして私たち大地を守る会が実行委員団体となった。まずお金の問題だ。豪華客船を一週間借り切るには五〇〇〇万円かかる。その金をどう集めるのか。今回も、私たちは、「ばななぼうと」を運動であると同時に事業なのだと位置づけた。事業というと金儲けだと短絡的に考える市民運動団体が多かったのだが、人の援助に頼ることなく運動を成立させようと説得し、出資金を募った。船の定員である七〇〇人近くが満杯になれば、利益が生まれ、出資金に応じて配当が出る。「われわれが本気になれば、七〇〇人くらい集まるだろう」と見こみをつけた。

募集のポスターには、私たちの考え方がよく表われていた。小さなサーフィンの上に、人が一人ずつ立っている。そうしたたくさんのサーフィンが集まって大きな船に向かっている絵だった。つまり、有機農業運動にせよ、福祉や教育問題にせよ、それぞれの運動をしている人は、皆自分の専門領域をもち自立している。そういう人たちが、だれかに依存したり命令されたりするのではなく、自分の意志で一か所に集まってきて、同じ船に乗り、議論や交流をしようというのだ。

実際に集まったのは、全国の市民運動一七〇団体の代表たち、学生など五二〇人。筑紫哲也さんや加藤登紀子さん、環境学者、アジア各国の若者など幅広い分野の人たちにも乗ってもらった。最初に神戸港から乗船して石垣島に行き、Uターンして点々とあちこちの島に寄港しながら沖縄本島に向かい、最終的には再び神戸港に戻るという全一週間の日程だ。その間船の上では、原発、第三世界、農業、食べ物の安全性、平和、福祉、教育などさまざまなワークショップが行われた。島の人たちや学生との交流や祭もあり、早朝から夜遅くまで、まさに一堂に会して思う存分話すことができたのだった。

フィリピンのプランテーションの労働者を招いたワークショップもあった。日本の一般的な市場に溢れているバナナは、フィリピンなどでアメリカに支配される巨大プランテーションで生産されるものだ。だが、話をしてくれた労働者は、自立した小さなバナナ園で働き、日本の消費者と提携する道を探りたいと訴えていた。

確かに、アジアから食べ物を買うことでアジアの人たちを救う方法もあるだろう。だが、私たち大地を守る会は、国産の食べ物にこだわり、農産物輸入に反対の立場をとっていた。アジアの農産物を買うことは、餓えた人びとから食べ物を奪うことであり、一方、日本は自給率が低く、耕作放棄の荒れ田が増えていく。各国が自分の国の農業を大事にし、自立して食べていけるようになることが大事であり、アジアから農産物を買うべきではないと主張した。

当然、アジアとの交流をしている団体と、激しい議論となってしまった。あたかも「尊王攘夷派」と「佐幕派」のようだと第三者に評され思わず笑ってしまった。

このときの議論から、私たちもアジアとの交流に目を向けるようになっていったのは事実だ。将来的にフェアトレードの形で農産物を輸出入するよい形がつくれるかもしれないが、やはり根本的には私たちは地産地消の思想でいくことを再確認したのだった。

結果として、参加者は目標の七〇〇人には届かなかったので、出資金に応じて赤字を負担することになり、大地を守る会は八〇万円ほどの赤字を負担した。事業として大成功というわけにはいかなかったが、その程度の赤字ですんだのは幸いだった。何より、「ばななぼうと」での幅広い交流、深い議論は大きな財産となった。

「ばななぼうと」出航の一年後、実行委員長だった当時の「徳島暮らしをよくする会」世話人の西川栄郎は、参加者への通信に以下のように書いている。

「……現場に深くかかわることによって、ややもすれば閉鎖的になったり、孤独になったり、力量不足を悩んだりした人たちが、とくにこの十年の草の根運動の貴重な方法論、組織論、人的物的力量の蓄積をもちより、互いにその成果を交換、交流し、理解しあい、励ましあいました。

そのなかで無数の出会いがあり、まちがいなく変革の大きなエネルギーを感じ、一人ひとりの果たすべき役割を予感しました。〈ばななぼうと〉で出会った仲間は再び地域へ帰っていき、バナナ、カレーの開発など島おこしの運動、ネグロスの草の稲貿易など第三世界との連帯、大学作り、日本の水田を守るたたかいなど、さまざまなネットワークが着々と新たな地平を築きつつあります」

実際に、このときの交流が元になって、多くの団体同士ができるところから提携していこうとした。私たちも、前章で述べた農産物宅配のノウハウなど多くの団体に提供することができ、ポラン広場や夢市場に対する卸しも、このときを契機に広がった。翌年には日本リサイクル市民の会と提携して農産物宅配の「らでぃっしゅぼーや」もスタートさせた。

また、反原発運動、環境ホルモンに関する運動などで、このとき参加した多くの市民団体と提携していったし、次節で述べる「THAT'S国産運動」や「DEVANDA」などの運動にもつながっていき、日本の農業を応援する幅広いネットワークをつくりあげていくことができた。

旧来型の政党や組合系が組織する大規模な運動では、どうしても巨大な組織のなかでピラミッド型の命令系統ができてしまい、小さな団体の自主性は疎外されるが、「ばななぼうと」から発生した運動は、多様性を歓迎するものだった。小さな団体それぞれが自分たちの責任で参加し、互いのちがいを確認しつつ、どの部分で手を携えて一緒に運動していけるのかを探しながら前に進んでいく。小さなちがいを攻撃し内部分裂や非難中傷で自滅する運動ではなく、多様性を認めあい、からっと陽気に自立した運動をめざす。「ばななぼうと」は日本の市民運動が一段階成熟する転換点と位置づけられるだろう。

◉「いのちの祭」——農協（現JA）にもクサビを打つ　一九八七年

一九八七年、全国農業協同組合中央会（全中）と大地を守る会は、初めて一緒に「いのちの祭」を開催した。相反すると目される二つの団体が行動を共にすることに驚きの声もあったが、突然のできごとではなく、両者それぞれに歩み寄る道筋があった。

全中は、一年に一度、東京・国技館で一万人ほどの農民が集まって全国集会を開く。それは、実質的には、米価値上げ闘争の集大成である総決起集会という性格をもっていた。ところが、その年は、国鉄が民営化されたり健康保険が改正されたりという動きもあり、補助金づけの農業も問題となり、農協は体質改善を要求されていた。

さらにコメの輸入自由化が迫り、財界からは、農協の甘い体質が原因で日本農業は国際競争力がないと批判されていたし、消費者団体からは、ほぼ毎年半ば自動的に上がるコメの値段に疑念の目が注がれていた。全中は孤立無援状態となり、それまでの米価闘争路線に対する危機感が生まれていたのだった。

大地を守る会は、設立時から、農薬や化学肥料をたくさん使う近代農業に異議申し立てをし、国家の政策に反対を唱えながら運動を展開してきた。とくに、農村の現場では、有機農業者は、農薬を売っている農協やそれを買う一般農家と激しく対立せざるをえなかった。

例えば、一つの地域に農家が三〇軒あるとすれば、三〇軒すべてが農薬を買うと、一軒につき数万円ずつ戻ってくる分戻し《わけもど》システムがあった。ところが、一軒が無農薬でやるから農薬を購入しないとなると、農薬を買う二九軒も分戻しがきかなくなってしまう。そうなると、その一軒には田んぼの用水を使わせないなどの嫌がらせが始まる。

地域の農協の担当者も、自分の領域で農薬を買わない農民が増えると困るから、買わないという一軒をなんとか説得しようとし、その一軒が「かぶれている」有機農業運動に敵対心を燃やす。有機農業者は農協を恨み、毛嫌いする。そういう関係が長く続いていたのだった。

ところが一九八〇年代後半になると、有機農業が世の中で広く認知されるようになってきた。生協や自然食品店でも有機農産物を扱い、マスコミも有機農業者や消費者運動を取りあげるようになった。私たちも、スーパーマーケットや学校給食などに農産物を卸すようになり、一般の流通のなかにも有機農産物が見られるようになっていた。

農協では、「有機農業」という言葉さえタブーであった時代もあるのだが、農協職員のなかにも、ごく一部ではあるが、農薬を使わなくても農業はできると声をあげる人が出てきた。

さらに、農協内部に有機農業の部会をつくって、有機農産物を販売する動きも見られるようになった。

私は、農協をただ批判するだけではなく、その巨大な組織の真ん中に有機農業のクサビを打ちこみ、内部からの変化を促すような働きかけをしなければならないと思っていた。だが、どうやったらそのクサビが打てるのか。

時代の転換点では、キーマンたちが偶然のように出会うことがある。当時、私は学校給食の運動で調理員さんたちの労働組合である「自治労」の幹部たちとひんぱんに会っていた。学校給食の民間委託化や合理化に反対するための集会を開いたりしていた。このときの自治労の担当者が高橋公という男だった。彼は早稲田大学で学生運動を闘い、後に、全共闘運動の仲間たちに呼びかけて『全共闘白書』という本を出版したり「プロジェクト猪」というグループを結成したりして活動していた。私はこの高橋公と妙に気が合った。

一方、全中ではコメの消費拡大のために学校給食で「米飯給食」をもっと実行してもらいたいと考えていた。私が関わっていた「全国学校給食を考える会」や自治労、日教組に「米飯給食」をもっと実施してくれと熱心に働きかけていた。そのときの全中のコメの消費拡大担当課長が山田俊男さんだった。山田さんは現在では全中の専務理事になっている。

この高橋公、山田俊男さんとは学校給食で一緒に仕事をしていた当時、赤坂に事務所を構えていた学生運動時代の先輩のところに通っては、よく酒を飲んでいた。このテレビ番組などの制作・企画会社の社長が彦由常宏という人で早稲田大学で反戦連合のリーダーだった。高橋公は、彦由さんの一の子分で、彦由さんの言うことなら何でも聞きます、という間柄だった。テレビ関係者や新聞記者、得体の知れない雑誌記者などが出入りし勝手に酒を飲んでいた。作家の立松和平さんなども、いつの間にか議論に入っていることがあった。

彦由さんは、八〇年代初頭、一時テレビ朝日のキャスターを務めていたことがあり名の売れたディレクターだった。この彦由さんに、どういう風の吹き回しか全中の全国集会のプロデュースを任せるという話が飛びこんできたのである。全中の依頼は「米価値上げ総決起集会」を、従来よりは都会的に柔らかいタッチで企画してほしいというものだった。彦由さんは、私たち三人に「どうしたらいい？」と相談をもちかけてきた。

私は「農協が今までの体質を改善し、極端に変わったことを内外に示す集会にすべきだ。できれば僕を全国集会の実行委員に入れてほしい」と頼んだ。さらに、「新しい農業に転換し、消費者の支持を求めるメッセージを発信する集会にすべきだ、僕はそこで有機農業の必要性と原発反対を訴えたい」と主張した。農協の全国集会で「有機農業の必要性」が堂々と語られるなど前代未聞だろう。農薬や化学肥料の使用をよしとし、近代農業を全力で押し進めてきた農協が、消費者の健康にも配慮して有機農業を受け容れることを表明する。それだけで消費者は、農協が大きく変わり始めたと思うにちがいない。

「原発反対」も農協関係者にとっては目を丸くするような話だ。農協の集会に「原発反対」は突飛だろうか。「農民はお上のいうとおりにコメや野菜をつくっていればよいというものではない」。食べ物は、命を育むものであり、そこには人びとの健康や環境など種々の問題が含まれる。命を育むという発想をもって、農民が国民の健康や環境問題などに積極的に発言してこそ、消費者の支持を得られる農業に変わっていくのではないか。

チェルノブイリの事故の後で、原発は、命を育む発想とはとても共存できないことが証明されていた。どんなに有機農業で努力しても、原発事故が起これば、天から降りそそぐ放射能で田畑は汚染される。農協の集会で原発反対を唱えることは、「米価だけに汲々とする農業」から「命を育む発想をもつ農業」への転換を明確に表現することなのである。

表立って全中が原発反対を表明する必要はない。全中が、私のような立場の人間を集会に出し、「原発反対」といわせるだけで、農協は変わったという印象を与えられるだろう。

彦由さんは私の考えに賛同してくれ、全中を説得し、この集会は実現した。私は、作家の立松和平さんと当時の全中会長の三人とともに集会の実行委員となった。集会は「いのちの祭」と銘打たれ、ポスターには「人類は危ないものをつくり過ぎた」というコピーが躍った。

かくして、従来の、ムシロ旗を立て鉢巻きをした農民による米価闘争とは異なり、有機農業者、有機農業運動をする消費者、さらには反原発の活動家も参加して総決起大会が開かれた。コペルニクス的転回とはこのことだろうか。

彦吉さんはこの数年後、喉頭ガンでこの世を去った。「農業が滅びたら、この国も滅びる」が口ぐせだった。

「いい男から順番に死んでいくなあ」と、高橋公や立松和平さんと冷たい酒を飲んだ。

農産物の輸入自由化が始まれば、コメも含めて安い農産物が大量に入ってくる。そのときに日本の農業は価格だけでは闘いきれない。消費者の支持も得られない。支持を得るにはどうすればよいか。価格以外のところで強くアピールするものをもてばよいのだ。

安全なものを心をこめてつくっていること、日本の中山間地域の水田管理により環境を保全していること、農薬を使わない農業がトンボやカエルやホタルも息づく豊かな生態系をつくりだすこと、さらに農村の暮らしが日本独特の文化や風景をつくりだしていること、国民の健康を守っていること、環境問題などにきちんと発言していること……。そういう面があって初めて、日本農業の独自性が評価される。

消費者が、ただ価格だけを判断基準にして安い農産物に向かうのではなく、日本農業の存在価値を認めて支持するためには、農業者自身が、価格だけではなく農業に含まれる大きな価値を認め、アピールしていく必要がある。「いのちの祭」では、そうした議論がつづき、日本農業が誇りと自信を取り戻そうとする場となったのだった。

農協内部で異端視されていた「有機農業」は、「いのちの祭」以降、ごく普通に話題にされるところまできた。全国の農協でも有機農業に取り組む動きも出てきたのである。「有機」の名が単なる付加価値として使用されるのもまた困った事態ではあるのだが、農協という組織に多少なりとも振動が起き、変化の芽が見られたのは事実だった。

◉アジアとの交流――国際局始動　一九九〇年代

一九九〇年、大地を守る会は「国際局」をつくった。韓国、タイ、台湾、インドネシアなど主にアジアの農民と日本の農民、消費者との相互交流を図ろうという部署だ。

先述した「ばななぼうと」では、農産物輸入はなるべくやめて、国産のものを食べようと頑固に主張した私であった。アジア各国から日本が食糧を買うことは、飢える人びとから食べ物を奪い、自立を妨げる行為だと考えていた。

だが、実際にアジアの国々でNGO活動をする人たちの多くは、日本がアジアの農産物を買い各国の農村の復興を図ることで、真の連帯につなげていけると主張した。そうした国際分業論が本当に成り立つのかどうか、アジアの農村の現場で考えてみたいと思った。

食べ物を買うにしろ買わないにしろ、人の交流は大いに行ったほうがいい。環境問題など、一つの国ではおさまらない問題が増えている時代である。持続可能な社会をつくるには、地球に住む一人ひとりが、どういう生き方を選ぶのかというプログラムを明確にしていく必要がある。一握りの政治家任せではなく、国境を越えた民衆のレベルでの相互理解や連帯が力をもつ世の中になりつつある。

先進国が主導するガット・ウルグアイラウンドなどにおいては、農産物にも徹底した競争原理がもちこまれ、食糧はなるべく安く大量につくればよいという方向に向かおうとしていた。各国の風土や歴史を無視した安易なグローバル化は、自然環境や伝統文化の破壊につながる。

それを食い止めるためには、まずアジア各国が連携を深め、各国で自給率を上げ、農村の自立を図っていくことが大事ではないか。近隣アジア各国を知り、互いに農業技術なども教えあい、多様な文化を学びたい。ちがいや共通点を理解して、国境を越えたアジアの連帯を実現したい。

「ばななぼうと」や「いのちの祭」の後、韓国などから、日本の有機農業運動について学びたいという要望、問い合わせがポツポツと入り、来訪者の世話を引き受ける窓口をつくる必要性が出てきた。日本からも、農閑期に生産者や消費者、職員で交流ツアーをしたいなどの案がもちあがった。それで、アジア各国に詳しい職員三人によって国際局がスタートしたのだった。

立ち上げるや否や、国際局はフル稼動状態となった。韓国カソリック農民会への交流ツアー、そこでの韓日有機農業シンポジウム、インドネシア・バリ島の農村への交流ツアー、タイ東北部イサーンへの交流ツアーなどがつぎつぎと実施された。その後、台湾、中国、モンゴル、ラオスとの交流が始まる。

また、逆に韓国カソリック農民会が千葉や福島などを訪れたり、アジア各国からの農業研修生を、稲作、キノコ栽培、果樹栽培などの農家で受け入れることも多くなっていった。

私たちが交流を重ねる韓国カソリック農民会は、一万人ほどの組織で、もともとは民主化闘争の団体だった。幹部クラスは、ほぼ全員民主化闘争による逮捕歴があるという筋金入りの活動家たちだ。

彼らは、反体制詩人と呼ばれる金芝河《キム・ジハ》さんのグループ「ハンサルリム・モイム」(ハンは一つ、サルリムは奥さんが家庭を経営するというような意味。モイムは仲間、同胞)と協力関係をもち、一九八九年に、民主化闘争から「生命共同体運動」へと大転換を図っていた。この大転換は、金芝河さんの行動に伴うものだった。

◉韓国の「生命共同体運動」　一九九〇年代

一九六〇〜七〇年代、韓国の軍事独裁政権に抗して何度も投獄された金芝河さんは、一九七四年に死刑宣告を受ける。この間、学生を中心とした民主化運動が高揚し、世界中からの抗議もあって、一九八一年に釈放される。民主化勢力は、運動の象徴ともいうべき金芝河さんの釈放を熱烈に歓迎し、前にもまして過激な発言を求めたのだが、彼は沈黙をつづけた。

やがて一九九一年、運動が激化し、政権の弾圧も厳しさを増し、抗議の飛び下り自殺や焼身自殺が相ついで起こる。自殺者は、自らの命を捧げて抗議する「烈士」と呼ばれ、その行動が美化されるようになる。

そのとき、金芝河さんが「死の礼讃を中止せよ」と沈黙を破った。『朝鮮日報』の新聞紙上に掲載された声明文の書きだしは、「若者よ、死に急ぐな」だった。

「焼身自殺などやめなさい。君たちがつぎのリーダーになったとき、命を大事にしないような社会をつくるつもりなのか。いかなる理由があろうと、命を大事にしない戦術はやめるべきだ」

この後、自殺連鎖はおさまったのだが、声明文を「死者への冒瀆だ」と批判したり、「金芝河は独裁政権に屈して転向した裏切り者だ」という中傷が起こり、金芝河さんは、「団結すれば滅びる、散れば生きる」という言葉を残して民主化運動から追われるように、農村に向かった。農作業や読書の日々の後、彼は「ハンサルリム宣言」を書いた。

ハンサルリム宣言は、韓国における農民運動を「生命共同体運動」「生命有機運動」と位置づけ、環境重視、地域自治なども含めて、生命を大切にする新しい社会をつくろうと提唱するものだ。この宣言によって、民主化運動が大転換し、現在の韓国政権運動の思想的バックボーンにもなっている。

金芝河さんの膨大な哲学的な思想や宇宙論、神秘思想などをすべて理解することはできないが、私にとって、ずしんと胸に響いた考え方の一つは、つぎのようなものだった。

「私たちは、自分たちの社会の問題点を探り、未来をつくろうとするときに、あまりにも安易に外国の思想、哲学を手本として導入しすぎたのではないか。この韓国という土地に、何百年、何千年前から、多くの先達が、この土地の気候、風土、歴史的背景などあらゆる条件のなかで文化をつくり、社会的な掟を決めてきた。この河の流れ、山の形、鳥のさえずりのなかで、歌や踊りや衣裳や料理や焼き物などあらゆるものが形づくられてきた。それなのに、近代になって、何百年何千年積み重ねたこの土地のものよりも、あたかも、ロシアやイギリス、フランスの思想や哲学のほうが優れたものであるかのように、突然それらをもちこんできてそれに合わせて強引に社会をつくりかえようとした。そこに無理があったのではないか。もう一度、伝統や民族の文化に立ち返ってものごとを考えたほうがいいのではないか」

こうした考えは、まさに日本の近代にも当てはまる。私自身、学生運動のころ、マルクスやレーニンなどの言葉や難解な西欧の哲学者の言葉をもちだしさえすれば、あたかも社会がすぐにでも変えられると思っていた。

封建制度や古い因習、迷信にとらわれた「古い世界」は何でもかんでも打ち壊し、捨て去り、新しい尺度で社会をつくろうとした。だが、その尺度が、まったくの借り物であることに対する反省がなかった。

確かに封建制度や因習や迷信に縛られる社会はご免だが、だからといって、気候風土や歴史を無視して借り物の思想だけに頼ってしまえば、根無し草の脆弱な社会になってしまう。あまりに短絡的に新しい尺度でものごとを測りすぎた。新しい尺度や価値観そのものを、もっとじっくり組み立てるべきだったのだ。

金芝河さんの言葉は、何でも昔に戻ろうという懐古趣味などでは決してなく、まずは自分たちの立脚点を再確認し、先達の知恵を掘り起こし、そこからよりよい社会をもう一度つくりあげていこうとするものだろう。

金芝河さんの思想を具体的に推進する運動体の一つとして、韓国カソリック農民会が存在していた。韓国も、近代になって工業化社会への道を突き進み、工業製品を輸出する見返りに農産物の輸入が進んだ。一九七〇年ごろ八〇パーセントあった自給率が、一九九〇年には四三パーセントにまで低下。若者は村を出て行き、農薬公害で農民自身が苦しみ、農村が疲弊するという日本と同じ現象となった。そして、日本の有機農業運動と同じような「生命共同体運動」「生命有機運動」が起こってきたわけだ。

風土を活かし、伝統的技術を見直し、生命を慈しむ思想で持続可能な社会をつくるにあたって、農業の果たす役割は大きい。大地を守る会と韓国カソリック農民会との交流は、私たちの活動に深い感動と内省的な視点をもたらしてくれた。

◉日本人が知らな過ぎたタイ　一九九〇年代

一九九一年、タイ東北部イサーン地方を訪れた。ツアーを組んでくれたのは、NGO「NERDEP」（東北タイ農村開発プロジェクト）と「CCD」（東北タイ農村開発センター）のメンバーだった。彼らは、タイでもっとも貧しいといわれるイサーン地方の人びとが、換金作物ではなく、自分たちで食べるものをつくる自給農業で自立できるよう手助けする活動をしていた。

イサーン地方は、もともとは深い森林地帯だった。ベトナム戦争時には、共産ゲリラの隠れ家ともいわれる地帯だったので、アメリカの画策によってつぎつぎと木が切り倒されていった。大量の木材の主要引き受け先は日本である。昭和三〇年代後半、木材の輸入自由化が始まったころだ。

一九六〇年代に七〇パーセントを超える森林率が、一九八〇年代には一〇パーセント台にまで低下している。樹木がなくなった土地には雨季でも雨が少なくなり、コメや果物はできないため、今度はトウモロコシ、サトウキビ、キャッサバなどが植えられた。それらは、土地の人びとが植えたのではなく、アメリカの穀物会社などが大量につくって輸出するための換金作物だ。それらの作物のうちメイズと呼ばれる飼料用トウモロコシは主に日本が輸入していた。

ところが、アメリカ本土でのトウモロコシ生産が伸びてくると、アメリカ政府は補助金をつけて国際価格戦争に勝たせようとする。価格競争に負けたタイのトウモロコシは売れなくなり価格は暴落した。サトウキビやキャッサバも連作障害で相場が落ちた。イサーンの人びとは生活に困窮するようになり、仕事を求めてバンコクなどに出稼ぎにいく。ついには娘たちが売られる事態となる。買うのは恥知らずの日本人だ。

森林が豊かだったころ、イサーンには薬草師がいたり、木や蔓などを利用した工芸や草木染めの技術もあった。ピーと名づけられた森の精霊もいた。欧米の価値観で見れば非常に原始的で貧しいわけだが、森の恵みを活かし自立して暮らせる文化が根づいていたのだ。

何千年とつづいてきたであろう森林文化が、わずか十数年のうちに無惨に失われ、タイでもっとも貧しい地帯と呼ばれるようになる。その全過程に日本人が絡んでいるにもかかわらず、日本でイサーン地方の名を知る人は数少ない。

イサーンの人々は、森林をなくし換金作物をつくるようになって、その金で他の地方でつくったコメを食べて暮らすようになった。だが、頼りの作物が売れず、コメを買えずに飢える人が出てくる。自分たちでコメや野菜や果物をつくる環境もないのだ。そんな人びとを置き去りにして、タイの他の地方でつくったコメを外国が安く買うとはいったいどういうことなのか。日本がタイのコメを「買ってあげる」ことが、イサーンをより悲惨な状況に追いこんではいないのか。

私がタイのコメ農家やNGOのメンバーと会ったとき、タイの農民は日本にコメを買ってほしいのだと強い口調で言われたこともある。日本国内でもそういう意見に出会う。しかし、安易に農産物の輸出に依存するのでは、自立への道は遠いと思われるのだ。

輸入する先進国側は、安定してタイの農村を育てようという姿勢ではない。要は安いコメならどこでもよい。イサーンのトウモロコシがそうであったように、もっと安くつくれる場所があれば、タイのコメ農家は捨てられるのだ。そうならないようにと、効率重視で農薬や化学肥料も投入され機械化も進むかもしれない。借金が増え、土は疲弊し、環境が悪化し、農民は農薬公害に苦しみ、やがて農村は崩壊するのではないだろうか。

グローバル企業が世界中の食糧を買いあさる過程で、同様のことが世界各地で起きている。本当にその国の人びとが自立するには、国内の自給率を上げ、飢える人をなくし、農村の環境が悪化しないような循環可能な農業のやり方を進めていくしかないと痛感した。

◉「あっ！　おもしろいセット」でタイの文化を買う　一九九〇年代

イサーンでは、タイのNGOの主導で「デックハックテン」（ふるさとを愛する子どもたちの会という意味）と呼ばれる組織がつくられ、土地の子どもたちが苗木を植えたり、村々を回って農業を手伝う活動もあった。

また、「チャンリー爺さん」と呼ばれる村の長老の発案で、池を掘り用水もつくられていた。チャンリー爺さんは、雨季の前に思いたって、炎天下、手仕事で直径五メートルを越す池を掘った。雨が降って池に水が溜まると、池の周囲にバナナやマンゴーの木を植え、周囲にはイモや野菜もつくった。用水を引いて田んぼもつくり、一家族が暮らせるような環境がしだいに整っていった。

NGOは、チャンリー爺さんのアイデアをさらに押し進めて、在来種の綿を栽培し、蚕を飼うことを広めていった。伝統的な織物を復活させ、草木染で特色を出して販路を拡大する。牛や鶏も飼う。出稼ぎで農業から離れる一方だった住民たちは、しだいに自立可能な農家の暮らしを見直し始めた。

援助というのは、非常に難しい。富める国が貧しい国を助けるのは当たり前だといって、援助金や物を送る行為は、一時的には助けになるだろうが、長い目で見てどうなのか。

例えば、無医村に日本から医師を派遣し、医薬品を送るという援助の仕方も、永続的にできるならばいいが、二〜三年で打ち切られたとしたら、かえって混乱を招くだろう。

それぞれの土地には、古くから伝えられた民間療法や薬草師の存在がある。古臭いからと否定してしまってよいのだろうか。日本でも、一時は西洋医学一辺倒だったが、東洋医学や民間療法が見直されてきている。気候風土に合った医療、自分たちで健康を維持し元気になろうとする活力こそ、大事にすべきだろう。

援助について思い出すのは、いま目の前で貧しくて飢えている人にどのように手を差し伸べるべきかという論争である。目の前で飢えている人がいるのだから、当然食べ物をあげるべきだという意見がある。しかし、その貧しい人は今日は飢えがしのげても、明日もまた同じように飢えるだろう。食べ物をあげるだけでは、明日も明後日も、ずっと先まで食べ物を援助しつづけなければならない。飢えの根本的な原因が解決されていないからだ。それなら、食べ物を単にあげるのではなく、魚をとって食べたらいいと教えてあげるのはどうか。いや、そうではなく、釣り竿をあげてこれで魚を釣りなさいと教えてあげるべきだ。でも、その釣り竿が折れてしまったらどうする？　結局は、その貧しく飢えている人には、釣り竿の作り方を教えるのがもっとも正しい援助のあり方だという話である。援助とは、そこで生きている人びとの自立につながる方法でなければならないという一つのエピソードである。

大地を守る会は、これまでアジアなどに数多く「交流ツアー」を企画してきた。参加者の資格はつぎのように決めてきた。

❶——何が起こっても、あっ、おもしろい！　と言える人。

❷――自分の考えに固執しない人。
❸――お酒が飲める人、飲めなくても飲んだふりができる人。

海外に行けば、自分たちが普段「常識」だと思っていることが通じないことがある。歴史も文化もちがうのだから当然なのだが、ときに「非常識だ」と怒ってしまう人がいる。これでは交流にならない。「非常識」なことだから、触れて楽しいのである。

相手の歴史観や文化、伝統に触れるためには、話を聞いてまず、「あっ、おもしろい!」と思うことだ。アジアの農村に行くと、地酒が出てくることもある。飲めなくても、一緒に楽しんでしまえばいいじゃないか。そういうメッセージをこめて、この「参加資格」を決めた。

この「あっ、おもしろい!」という考え方が、その後の交流で生きてくる。大地を守る会は、タイの農村でつくられる品物で「あっ! おもしろいセット」を始めた。

これは、タイの文化をまるごと買おうというもの。村人がそれぞれ手づくりしてもち寄る伝統工芸品や民芸品をいくつか集めてセットを組む。例えば、伝統的な織物のマフラーやテーブルクロス、草木染めのスカーフやハンカチ、手づくりのアクセサリー、人形などが入っていて価格は五〇〇〇円。セットに入る品は届いてからのお楽しみだ。

初回は限定五〇〇セットで、大地を守る会の情報誌に「農民たちの自立しようとする心意気を買ってください」と載せてみた。注文数は六〇〇を超え、買ってくれた消費者は、期待どおり「あ！　おもしろい！」と喜んでくれたのだった。

先進国の尺度や数字で見れば「非常に貧しい」イサーン地方だが、掘り起こしてみれば工芸や染織などすばらしい伝統文化が存在している。文化を絶やさないことが民族の誇りにつながり、自立の足がかりとなるだろう。

セットを買った人たちも、貧しいというイメージしかもたない場所に優れた文化があることを知り、それを受け継ぎ手仕事をしている人たちの顔を思い浮かべ、親しみをもつ。同じ五〇〇〇円を「貧しい国への援助金」として寄付する場合とは明らかにちがう「敬意」が育まれる。

箱の中には、タイ語で書いたアドレスカードを入れた。それをコピーして封筒やハガキに貼れば、難しいタイ語を書かなくても買った人からタイの農民たちに手紙が届く。手紙の中身は日本語でも、日本語のわかる現地のＮＧＯスタッフが訳してくれる。実際、手紙を出した人は大勢いて、品物の売買にとどまらない交流の一つのステップになったようだった。

売り上げ額は約三〇〇万円となった。農民への分配金が二七〇万円ほどで、間に立ったＮＧＯへの分配金が三〇万円ほど。この額は、ＮＧＯスタッフ二人分の一年間の給料に相当する。村の大勢の人たちが少しずつ手づくり品をもち寄ったため、一人ひとりに渡された金額は少ない。それでも貴重な現金収入となった。

「あっ！　おもしろいセット」には、ヒントにした先例がある。私たち大地を守る会が一九九一年に販売した「台風に負けないぞセット」だ。

その年の台風一九号によって、九州、中国、東北地方の農作物は壊滅的な被害を被った。収穫直前のリンゴやミカンが落果、イネは冠水、ビニールハウスなど施設の倒壊。被害は一〇〇〇億円にのぼった。

大地を守る会にもひどい被害の生産者が多くいた。被害状況が伝えられると同時に、消費者からは「何かできることはないか」と問い合わせが相ついだ。義援金の申し出も数多くあったのだが、どういう形にするか事務局で議論が始まった。

その前年、雲仙・普賢岳が噴火したとき、義援金を募ったのだが、集まった額は三〇万円ほどだった。出してくれた人の気持ちは尊いが、全体の金額としては少ない。呼びかけ方が悪かったのかもしれないなど、いろいろと反省も出た。議論のあげく、「台風に負けないぞセット」を考えついた。

一口五〇〇〇円を出すと、生産者から何がしかのお礼の品が届く。中身は、落果したリンゴやミカンでつくったジュースや、村特産品の自家製漬物など。

このセットは好評で、結局一三〇〇万円分が売れた。義援金だとこうは集まらない。やはり見返りがあるから皆が協力してくれたのだろうか。いや、そうではないと思う。「台風の被害で大変だから義援金を出そう」という第三者からの呼びかけではなく、「台風で農産物はだめになったけれども、今年はこんな製品でがんばります」という農民自身からの元気なメッセージに支持が集まったのだ。

「心意気」が見えてこそ、助けられる側も助ける側も、人間として対等な「お互いさま」といえるよい関係が築けることを、このときに学んだのだった。

タイ・イサーン地方の「あっ！　おもしろいセット」も、非常に好評だったので、その後も継続して行われ、タイ北部の山岳民族、ラオス、モンゴルとの間でも行うようになっていった。

二〇〇四年には、「スローフードの原点を探る」と題し、数回目のタイ東北部の交流ツアーが実施された。まだ森林伐採の影響で雨は少ないものの、雨水を素焼きの瓶や池に溜め、わずかなスコールの翌日に田植えをし、田んぼのカエルを姿焼きし、パパイヤなどを使った伝統料理をふるまい、牛や豚、鶏が駆け回り……地に足のついた農家の暮らしがあった。

それぞれの国にどんな文化があるのか、互いに尊敬しあって人の交流を成り立たせ、アジア全体で持続可能な社会をつくるべく連携していきたいと願っている。

◉自主大学「アホカレ」でおおらかに学びあう　一九九三年

アジアとの交流を始めようとしていたころ、世界では衝撃的な事件が起こっていた。ドイツのベルリンの壁がなくなったのだ。

一九八九年一一月九日、テレビの画面に、ベルリンの壁に登った市民たちがハンマーで壁を叩き壊すという映像が映し出されていた。

学生運動に没頭していた三〇年以上前、だれがこのような瞬間を想像しえただろうか。私は、文字どおり固唾を飲んでその映像を見つめていた。

一九九一年にはソ連が崩壊した。私は、当時ソ連派でも毛沢東派でもなかったけれども、少なからずマルクスやレーニン、社会主義というものの影響を受けていた。体制批判をするときには、だれもがマルクスやレーニンの言葉を口にした。一時代の思想的な支柱ともなったものが崩れ去る。ベルリンの壁をハンマーで叩き壊す映像は、その象徴のように心に刻まれた。

大地を守る会でも、日本の市民運動、社会運動にも重大な影響が出るだろうという話になった。新しい価値観、思想的な基準、支柱をどう形づくっていくのだろうかと議論が進んだ。新たな社会運動を起こすときの理論的根拠は必要ないのか。農業や自然を中心に据えた価値観を、私たちも若者も一体になって学ぶべきではないか。

そう話すうちに、「おれたちも学校をつくろうよ」という話が盛り上がってきた。

大地を守る会設立のころ、社会のモデルをつくるにあたって四〇個ほどの事業をつくれば、世の中のだいたいの仕組みの受け皿となるだろうと想定した。その事業の一つとして学校もあげられていたので、学校をつくる発想は唐突なものではなかった。

手始めに大学だ。もちろん、本当の大学をつくるような金はないし、文部省認可の大学をつくる気もない。でも、外部に開かれた学びの場をつくりたい。

ちょうど、アジア各国の若者やＮＧＯのスタッフから、有機農業や市民運動の研修をしたいという申し込みが増えていた。この年、タイのコンケーン市で日本(大地を守る会)、韓国、台湾、インドネシア、ラオスの農民団体が参加して開催された「アジアモンスーン農民会議」では、国境を越えて農業・環境・生命を守るための運動を展開しようというネットワークがつくられていた。その活動の一環として、日本で各国からの研修生受け入れを増やしてほしいという声があがっていた。それまでは、個々に国際局で受け入れ先を探していたのだが、数も増えれば手ちがいが生じたり、受け入れ先によって研修内容が大幅に異なる場合も出る。

このさい、受け入れを「研修システム」と名づけて整備し、大学にしてしまおうではないか。教授は農民がいい。キャンパスは田んぼや畑だ。校舎は農家や作業小屋。大地を守る会の事務所もどこか一部屋は使えるだろう。農業をやりたい日本人も学生に迎えて、都心で月何回か講座を設け、農家での実習もしたらいい。大地を守る会の海外ツアーに参加するのもいい。そうやって、日本国内、アジア各国にたくさんの卒業生を送りだそうではないか……。

大学の構想がだんだん煮詰まっていき、名前をどうするかという段階になった。

「アジア農民大学ではどうか」

「普通すぎてつまらない。どこかにひねりがほしい」

「では、近ごろの流行語、元気印(Hot)をいただいて、アジア農民元気大学でどうだ。英語で“The Asian Farmers' Hot College”、略称アホカレッジ……」

「それで決まり!」

ということで、略称をさらに縮めた愛称「アホカレ」がスタートすることになった。「アホカレ」と口にしたり、聞いたりすると、とたんに力が抜けて何となく笑ってしまう語感がいい。既成の大学や教育システムの権威主義をからかっているような気分もある。権威のためではなく、民衆が自分のために自分の意志で学びたいと思う場。「これが本当の大学だ!」と、つくる前から皆で絶賛した。

じつは、大学設立には苦い経験があるのだ。一九八六年のこと、元環境庁長官の大石武一さんたちが中心となり、私立水俣大学の設立が提案された。水俣病を原点に自然と人間との共生の道を学ぶ場をつくろうとした。作家の石牟礼道子さんはじめ水俣病問題に深く関わってきた人たちとともに、私も呼びかけ人となった。

だが、三年後、設立は断念せざるをえなくなった。募金が目標の六〇分の一しか集まらず、文部省認可の条件である地元の合意も得られなかったからだ。せっかくの構想が、既存の教育システムの枠内では活かされなかった。この無念の一件が、私の心にわだかまっており、いつか本当に民衆が自ら学びたいことを学べ、自ら運営する自主大学をつくりたかった。

話は具体化し、教授も二〇名そろった。うち三分の一が大地を守る会の生産者、つまり農民で、三分の二は、野菜評論家、医師、林学博士、出版社社長など多彩な顔ぶれである。総長は作家の立松和平さん、学長はお茶の水女子大講師の小松光一さんにお願いし、理事長は私だ。

手数料として三万円いただくが、授業料はなし。講座は、原則として月二回、一科目二〜四単位で五四単位取得すれば修了。農業実習は三〇単位、アジア各地の農村での実習もある。

アホカレは、農民を育成する場ではない。ここで学んだことを、自分の職場や活動において生かし、環境や命を大切にする社会をつくるようにそれぞれが考えてくれたらいい。農民になりたい人には、大地を守る会の農家を紹介し、さらに研修する道もある。

そんな構想をマスコミにも発表し、日本人学生を募集したところ、毎日新聞の夕刊一面に掲載されたこともあり、全国から問い合わせが殺到した。卒業したからといって、何かハクがつくわけでも資格がとれるわけでもないアホカレに、二五〇人もの入学希望者があったのには、こちらが驚いた。残念ながら、そんなにたくさんの人を対象としてはいなかったので、面接をし、最終的に二〇名に入学許可を出した。一二・五倍もの高競争率の大学となってしまったわけだ。

学生の顔ぶれは、現役の大学生から六三歳までと世代も幅広く、職業もいろいろだ。新聞記者、元放送局のプロデューサー、有名俳優も皆、アホカレ一期生として真面目に出席する。

各教授がそれぞれのテーマで講演をしたり、読書会をしたりする。年に一度は公開教授会を行い、学生の前で活発な討論が展開される。また立松和平さんの総長講話も人気だ。

一方、アジアからの学生は、長期間滞在は無理なので、二週間から三か月の研修期間を設定した。教授となる農民にはアホカレ教授の肩書きがついた名刺をもってもらい、地域の農協であれ飲み屋であれ親戚であれ、その名刺をあちこちに配りながら、研修生を連れて歩いてほしいと頼んだ。研修生は、農業技術をきちんと学ぶが、地域では英語や母国語を教える教室を開いたり、特技を披露したりもする。そうやって交流することがアホカレのいちばんの使命なのだ。今までに五〇人ほどの研修生が学び、母国に戻って成果を伝え、なかには教授だった農民が学生の国を訪れるといった交流がつづいている。

アホカレの誤算は、卒業生がなかなか出ないということだ。勝手に退学していった人はいるのだが、ほぼ全員がずっとアホカレの学生でいつづけたいといい、かれこれ一二年続いている。仕方がないので近々大学院をつくる予定でいる。

◉二一世紀は第一次産業の出番だ！ 一九九四年

アジアとのネットワークづくりが進みだしたころ、自分たちのお膝元である日本に、有機農業運動や市民運動のきちんとしたネットワークができていないことに改めて気づいた。

一九九三年四月、いままで化学農法を推進してきた農林水産省が、突如として有機農産物についてガイドラインをつくるという。長年有機農業に取り組んできた側からみると、その内容はあいまいであり、何より無神経さに対して全国の有機農業団体、市民運動団体、生協などに呼びかけて、ガイドライン見直しを求め、反対運動を展開した。

二〇年以上になる日本の有機農業運動の歴史のなかで、多くの有機農業団体や市民運動団体がばらばらに活動し、ときには批判しあうこともあった。だが、ガイドライン反対運動では一つに結束した。そのエネルギーを、拡散させてしまってはもったいない。

一九八六年の「ばななぼうと」でできた横のつながりは画期的なものであり、個別に関係性が強まったり、新たな事業が起こったりしたが、全体としてはいまだネットワークと呼ぶほどの動きはなかった。これを機会に、ネットワーク化しようではないかという話がだれからともなく出てきた。

団体によって主義主張のちがいはあれ、「生命、自然環境を大切にする」という大命題は共通している。急激な近代化、工業化によって破壊されてきた自然と、荒廃しつづける農業を復活させたいという思いを、ネットワーク化によって、より力強い活動に展開していきたい。

意見交換を重ねるうちに、生産者、消費者という枠、さらには農業という枠も超えようということになった。農民としての哲学や消費者の農業観だけでなく、時代における価値観そのものを提案し、第一次産業全体の復権を願い、漁業や林業に携わる人びととも連携する活動をめざそうというのである。

こうした声を結集して、「DEVANDA」が誕生した。これは「Do It Eco-Vital Action Network For Dynamic Agri-Native」の略称で「環境を大切にし、生き生きとした農林水産業を実現するために行動するネットワーク」である。ずいぶん面倒な名前のようであるが、「DEVANDA」を、ローマ字読みにすると、日本語で「出番だ」となる掛け言葉であり、「二一世紀こそ第一次産業の出番だ!」という意味をこめた言葉だった。

種明かしをすると、「出番だ!」という言葉が先にあった。それをローマ字に直し、意味が合うように英語を考えたというわけだ。私は、勢いのある語感と、誇りをもって一歩前に出る感覚をもつこの言葉を、ぜひともキーワードとして使いたいと数年前から暖めてきた。先述した

「いのちの祭」での公開ディスカッションの折、将来の日本農業についての議論のなかで、「これから農業者こそが出番だ」という言葉がくり返し発せられた。その言葉が深く印象に残っていたのである。

農業は、現代社会では軽視され、多くの農民は誇りを失い、減反政策や後継者不足で未来への希望も失っている。漁業も林業も厳しい現状にある。だが、食べ物なくして人は生きられないし、山間地域の水源を守る人たちがいなければ現代の都市は機能しない。もっとも大切にされるべき第一次産業従事者が日陰者のように扱われ、また自ら卑下するようなあり方は、社会全体が歪んで非常におかしな状態にあることを物語っているのではないか。

第一次産業従事者は「私たちは命を守る仕事をしている」と胸を張りたい。そして、消費者も第一次産業にもっと関心をもち、応援し、一緒になって活動できたらいい。命を中心とした倫理観が根づき、第一次産業が大切にされる世の中をつくりあげていくために一緒に活動する人は、「オレの出番だ!」「私の出番だ!」と名乗りをあげようではないか——そんな思いをこめて「DEVANDA」をネットワークの名称としたのだった。

「出番だ!」と名乗りをあげるのは、あくまでも自分の意志である。だれかの手助けを待っているのではなく、今いるところから一歩進もうと自己決定できる能動的な人たちが、手をつなぎ力を結集する。それがDEVANDAのめざすネットワークなのだ。

多くの有機農業団体、市民運動団体、生協などがDEVANDAに名乗りをあげた。デビューイベントとして、一九九四年二月二七日、東京・晴海の東京国際見本市会場で、「いのちのしごと〈第一次産業独立宣言〉～森と海と大地のDEVANDA展'94」を開催した。

真冬、一日だけの開催だったが、全国から農・林・漁業関係者、消費者、生協、有機農業団体、環境NGO、市民事業体、企業、メディア、官公庁各関係者など、一万五〇〇〇人もの人が集まってくれた。

イベントは、ブース出展コーナーや展示コーナーに加え、トークバトル、コンサート、子ども向けの体験教室などにぎやかなものとなった。ブース出展は、全国一八七団体が農産物や無添加加工食品・調味料、有機肥料、浄化槽、衣料、紙、せっけん、炭、木酢液などを並べた。当日の熱気は大変なものだった。日本中にこれだけたくさんの熱心な取り組みがあり、またそれを求めている人たちがいることを知り、参加者は改めて勇気と希望を得たのだった。

◉可能性としての「一八〇万人」　一九九四年

「DEVANDA展'94」には、環境庁、林野庁、水産庁、科学技術庁、通商産業省工業技術院がイベント主旨に賛同し、後援してくれた。DEVANDAというネットワークを立ち上げるきっかけが、農林水産省の有機農産物の特別表示「ガイドライン」に対する反対運動だったわけで、行政団体からの後援を受けるのも皮肉な話だった。

当日は、内閣官房長官(武村正義・当時)や環境庁長官(江田五月・当時)なども訪れ、「農業や環境問題に市民レベルで対処し、ネットワーク化しようとする姿勢に敬意を表したい」とのスピーチがあり、素直に感謝した。

DEVANDAは、先述したように自立した人たちの集まりだ。一点について同じ考えでも、他の点について極端に考え方がちがう人たちもいて当然なのだ。さまざまな意見から、集まる人たちが自分の判断力を信じて、意見を選択すればよい。

つまり、DEVANDAは、参加者を集めて統一した考え方を押しつけようとする場ではない。第一次産業を大事にしたいという同じ土俵に立って、意見を交わす場なのである。

実際、「DEVANDA展'94」では、「生産者の土俵〈車座トーク〉」という場を設けた。そこでは、同じ有機農業の同じ農産物でも、ある人が提唱する農法に対して、別の人は「そうかなあ。オレの農法はこうだよ」とまったくちがうやり方を提唱して議論が延々とつづく。そして第三者も入った大議論の後、両者がまた別のやり方の可能性を見い出したり、地方の特色を見直したりということもあった。

意見が一致して統一見解が出ることが目標なのではない。まして、一つのやり方を皆に強制し、凝り固まった思想をつくりあげようという場でもない。ちがう意見を並べてみること、意見をたたかわせること自体が大事なのだ。自分のやり方をちがう角度から見るきっかけになればいいし、自分のやり方が正しいと確信をもつのもいい。意見を述べる人も、聞く人たちも、その後の選択は自分の判断ですればよい。

　そうした幅の広い受け入れ態勢によって、デビューイベントには、およそ一二〇〇におよぶ団体が名を連ねた。それらの団体は、生協や私たち大地を守る会などそれぞれに、組合員や会員を抱えている。その数全部を合計してみたら六一万世帯という数字が出てきた。一世帯を仮に三人家族として計算すると一八〇万人。

　これは、まったく仮の数字なのだが、私が言いたいのは、DEVANDAを支える裾野には、一八〇万人という一般市民がいる可能性があるということだ。これだけの数の人が、積極的であれ消極的であれ、有機農産物のある食卓を囲んだり、第一次産業や環境問題に関心を寄せている。

　一八〇万人というと、栃木県や岡山県の県民人口と同じだ。今は全国バラバラに小さな団体が活動しているが、その力を合わせてみれば、一つの県民全部が有機農産物を食べていることになる。私たちの力はそれぞれまだ小さいものだが、こうやって想像力をめぐらせてみると、決して弱くはない。運動を継続していくには、リアリティとモデルが重要だ。原発や合成洗剤反対運動も、ゴミ処理問題も、医療や教育や福祉も、一つの県レベルの人びとのネットワークがあれば解決可能なのではないだろうか。

その後、DEVANDAは、東京、神奈川、千葉、北海道など一一都道府県で「いのちの祭」を開催、二四万人を集めた。また、一九九五年三月には日本と韓国の農民合同の「日韓DEVANDA」をソウルで開催、日本各地から有機農業生産者など三〇三名が参加した。

◉韓国のウリミル運動に学ぶ　一九九五年

一九九三年、コメの輸入自由化部分開放が決定し、その後六年かけて段階的に輸入量が増えていった。コメ以外の農産物も一九九二年の不作を契機に輸入量が急激に増え、一九九四年関西国際空港開港がその動きに拍車をかけた。そんな状況にあった一九九五年、DEVANDAの運動の一環として、「THAT'S国産」運動を始めた。

「THAT'S国産」は、日本の農業を守っていくために、国産のものを積極的に食べようという呼びかけである。目標は、すべての農産物が国内で自給できるようになることだが、それではあまりに遠いので、まずは、コメ、大豆、小麦に焦点を絞り、自給運動を展開した。

この三つの穀物は、日本人の食生活の基礎を成すものだ。コメは主食であり、また煎餅や団子などに加工されたり、日本酒や酢、麹などの原料でもある。大豆は、味噌、醤油の原料であり、豆腐や納豆など加工品としても食べられる。小麦は、うどん、素麺、饅頭など伝統的な粉食文化をつくりだしてきた。

ところが、大豆の自給率は三パーセント弱、小麦の自給率は約一〇パーセントであり、ついにコメも輸入米が入ってくる事態となった。農産物の輸入反対を政府に向けて叫ぶ運動も大事なのだが、市民レベルで自給運動を展開し、実際に三つの穀物をつくり、それを積極的に買って食べる行動を広めていこうではないかということになったのだ。

この運動の元になった考え方は、韓国の「ウリミル運動」である。

韓国の農業は、日本と同じような危機的状況にあった。工業化が進み、工業製品を輸出する代わりに、農産物の輸入自由化が求められ、政府はそれに応じた。とたんにアメリカなどから安い小麦がどっと入ってきて、国内小麦の生産は壊滅的な打撃を受けた。政府は、国内農家を救う手立てをとるどころか、小麦農家への保護政策を打ち切り、ついには農業試験場の研究品目からはずしたのだった。

韓国には古くから麺類など伝統的粉食文化があるにもかかわらず、国内産小麦は切り捨てられ、一九八六年には、小麦の自給率がゼロになってしまった。それに加えて、日本と同じようにガット・ウルグアイラウンドにより、コメの自由化も迫られていた。

この状況をなんとか打開しようと、一九九一年、農民が立ち上がり、ウリミル運動を開始した。「ウリ」とは「私たちの」、「ミル」は「小麦」の意。自分たちで小麦をつくり、それを食べようという運動である。

ウリミル運動は、農民運動にとどまらず、韓国マスコミや都市住民が積極的に支持し、韓国農協中央会も全面的に支持を表明した。私が一九九三年に韓国を訪れたさい、「農都不二」と書かれた旗があちこちに揺れていた。聞いてみると、これはウリミル運動のスローガンであり、「身土不二」のことだという。すなわち、本来土から生まれ土に帰す人間の身体は土とは分かちがたいものであり、自分の生まれ育った土地でつくられた旬の食べ物を食べて生きるのがよいという古くからの教えだ。

小麦の自給率ゼロという最悪事態を経験した韓国では、その反省から環境や農業の問題に根源的に関わろうとする人が増え、運動にも他人ごとではない真剣さが見てとれた。

こんなエピソードもある。一九九三年、韓国は日本と同じく冷夏によってコメが大凶作となった。当時の金泳三《キム・ヨンサム》大統領は、農民たちへの配慮から、閣議の後の夕食をフランス料理や高級韓国料理から、うどんに切り替えた。マスコミは、さすが国民を思う金泳三大統領だと、うどんを食べる姿を映し大々的に報道した。

ところが、ウリミル運動の農民たちは、感心するどころか、抗議の声明文を発表した。

「大統領の食べているうどんは、アメリカ産の小麦でつくったものだ。そんなものを食べながら、本当に韓国の農民のことを考えているといえるのだろうか。真剣に農民のことを思うなら大統領はウリミルを食べるべきだ」

大統領は即日謝罪し、国産小麦でつくったうどんを食べるようになったという。

ウリミル運動では、運動を始めて二年後の一九九三年、一四〇〇ヘクタールの畑に小麦を作付けし、二万七五〇〇トンの小麦を生産した。ゼロだった小麦の自給率は、〇・五パーセントになったのである。

輸入農産物反対を唱えるだけでなく、自ら生産し積極的に食べ、自分たちで自給率を上げていくこの実践的運動に、私は大変感銘を受けた。じつに運動の本来的な形が根づいている。日本の運動団体は、輸入農産物をせき止めることばかりに目が向いていた。

ウリミル運動の農民はつぎのように話してくれた。

「韓国は、確かに工業製品を大量に輸出している。その見返りに農産物の輸入を迫られたら、政治的力学では抗いきれるものではない。といって、私たちの農業、食文化が政治力学に振り回され潰されるのを手をこまねいて見ているわけにもいかない。今後も外国から大量の農産物が入ってくる。けれども、それを食べるかどうかは、国民一人ひとりの問題だ。どんな農産物が輸入されようと、私たちは私たちの手で小麦をつくり、そして食べる」

この言葉を聞いて、私は迷いがふっきれた。「反対」でなく「実践」の積み重ねこそが、やがては大きな政治力に対抗する力になると確信し、「THAT'S国産」運動を進めていった。

◉あなたの食卓の自給率はどうなっていますか? 一九九五年

「大地を守る会は、国産のものを食べようと消費者に訴えている。私は、消費者にではなく、あなたたちに問いたい。あなたたち農民の食卓の自給率はどうなっていますか?」

これは、韓国の自然農業中央会という運動団体の会長、趙漢珪《チョウ・ハンギョ》さんの言葉だ。大地を守る会で、趙さんを招いて生産者一〇〇人ほどが集まり勉強会を開いたときのこと、私は、彼のこの問いかけに、またもや衝撃を受けた。

会場がしんと静まるなか、彼はつづけた。

「コメの自由化反対、輸入農産物は危険だと言いながら、自動販売機で外国産の安いオレンジジュースを買って飲んではいませんか? 地域内で自給する努力はしていますか?……」

ハンマーで頭を殴られたようなショックだった。たぶん、出席者の半数以上は同じような思いだったにちがいない。彼の指摘は、私たちの甘さを鋭く、的確に突いていた。

実際、コメの輸入自由化反対のデモのあと、何気なく買うのは、ブラジル産のオレンジジュースや中国産のウーロン茶だったりするのだ。外国産のジュースを何気なく飲む行動は、同じ大地を守る会のミカン農家に打撃を与える行為でもある。「自給率を上げよう。国産を食べよう」という叫びが、いかに観念的で他人ごとの運動にとどまっているかを思い知らされたのだった。

実際、私たちが自給率を問題にするとき、日本全体の数字を見ている。日本の総合食料自給率（カロリーベース）は、昭和四〇年に、七三パーセントだったものが、平成一〇年度に、四〇パーセントほどとなりその後はほぼ横ばいだ。また、穀物自給率（重量ベース）をみると、昭和四〇年に六二パーセントだったものが、平成一五年度には二七パーセントに低下している。

フランスの自給率（カロリーベース）一三〇パーセント、アメリカ一一九パーセント、ドイツ九一パーセント、イギリス七四パーセントなど先進国の自給率は軒並み高いなかで、日本は、急激に、極端に低くなっている。そこで、消費者にもっと国産の農産物を食べてほしいと農民団体や市民団体の声があがるのだ。だが、趙さんの指摘のように、農家自身の食卓はどうか。自分の家で採れた野菜やコメだけという農家は驚くほど少ないのが実態ではないだろうか。

極端な場合、農業をしているのは老夫婦で、料理をする若夫婦は、隣町の大型スーパーまで車を走らせ、中国で採れた野菜やノルウェーの魚、オーストラリアの肉、アメリカの大豆を使った豆腐、他県で産み落とされた卵を買ってくる。隣近所に野菜農家も養鶏場もあるのに地元で調達しない農家が多いのが現実だ。地域の野菜はいったん中央にもっていき、大手資本の手で分配されるから、地域内の循環は成立しない。

誠実に有機農業に取り組む生産者たちの食卓でも、おそらくすべて自分の家で採れたものという人は少ないだろう。

趙さんが会長をつとめる自然農業中央会では、一家の自給率が八〇パーセント以上ない農民は会員として認められないのだという。

「日本は韓国よりも国全体の自給率が低いからこの数字は難しいかもしれないが、コメの自由化反対を訴える農民なら、少なくとも六〇から七〇パーセントは必須条件なのではないですか?」

その数字は、かなり厳しいものだ。大地を守る会の生産者も、頭の中で忙しく自分の食卓をふり返っているようだったが、よくて五〇パーセントというところか。

「農民であるあなたたちが自分の自給率を上げる努力をせずに、どうして〈国産のものを食べてください〉と消費者の人たちに言えるでしょう」

趙さんの言葉に、会場から大きな拍手が起こった。生産者にとっても、私にとっても、運動のあり方、その根本をもう一度考えさせられた勉強会だったのである。

もちろん、問題は生産者にかぎったことではない。「自給率が低いのは問題だ。輸入農産物は危険だから国産のものを用意してほしい」という消費者も、観念的に国家の数字を思い浮かべて発言しているのではないだろうか。自分の食卓に並ぶ食品は、どの程度、国産のものなのか。地域のものを買う努力はしているだろうか。生協や大地を守る会など、属している組織があれば、その組織での自給率はどうなっているか調べたことがあるだろうか。

私は、趙さんの言葉との出会いをきっかけに、生産者にも消費者にも、また自分自身に対しても「自給率の問題を、まず自分の問題として捉え返してみましょう」と訴えるようになった。

◉「価格破壊」とは何ごとだ！　一九九五年

一九九五年ごろ、ダイエーが「価格破壊」という言葉で、多くのものをとんでもない安値で売り始めた。他のスーパーマーケットや一部の生活協同組合も同調した。その戦略は、農産物にもおよび始めた。二〇〇五年現在、一〇〇円均一ショップに野菜売り場ができているという。九九円均一もあるそうだ。こうした流れの元になったのが「価格破壊」だった。

私は、「価格破壊」という言葉に激しい嫌悪感を覚えた。

価格とは、本来適正につけられているはずだ。ものをつくる側に立ったとき、その価格が「破壊」されるとは何ごとか、と怒りを覚える。まして農産物は、一つひとつに生命がある。当たり前のことながら、生き物なのだ。その命をいただいて人間も命をつなぐ。命宿る大切なものを、大量生産の工業製品と同じ経済システムで取り扱おうというのは、なんともおかしなことではないのか。

「安い農産物」は、つぎの五つに徹底して取り組んだときに市場に出てくる。①流通コストを下げる　②合理化を徹底する　③仕入値を安くする　④輸入品化する　⑤為替差益を利用する

この五つを農産物にあてはめてしまうと、大変なことになる。コストを下げたり合理化するということは、なるべく少人数で手間を省いて一か所で大量につくり、しかも箱詰めしやすい大きさで、運搬しやすく腐りにくくするということだ。それには、農薬と化学肥料を過剰に使い、流通の過程でも薬剤処理をすることになる。輸出する場合、船積みしてから、いっせいに薬を撒くこともある。合理化とは、すなわち安全性の低下にほかならない。人間の命をつなごうとする農産物は、何よりも命を守る安全性が重視されるべきではないだろうか。つまり、コスト削減や合理化とは相容れない価値基準があるはずだ。その大切な価値基準をないがしろにしたものが、「安い農産物」というわけだ。

そして、「消費者のために安くする」という大義名分で仕入値を安くしようとするが、それは、言葉を代えれば、生産者から「買い叩く」ということだ。消費者さえ喜べば、生産者がどんなに苦しんでもいいというのだろうか。生産者が誇りをもって農業に従事し、つぎの世代にも

重要な仕事として引き継がれていかなければ、生産者は少なくなる一方だ。日本から農業が消え、世界でも限られたところだけで農産物がつくられるようになってしまえば、すぐに世界中で農産物の奪いあいとなる。

「消費者のため」というまやかしの言葉で、流通業者が目先の利益を貪ることは、将来を考えれば、消費者どころかだれのためにもならない危険な仕業というしかない。消費者も、「安くて家計が助かる」という目先のメリットが、はたして子どもたちや孫の世代にどういう結果をもたらすのか、十分に想像力を発揮して考えてみたい。

自国の生産者と「共に生きる」覚悟をもち、安全につくられた農産物を大切に食べることが、日本の農業を生かし、将来の食糧事情や環境を守ることにダイレクトにつながっている。あるいは、他国の飢える人たちから食糧を奪わずにすむ。目先の欲やメリットを超えて、そういうふうに想像する力が、子どもたちの将来を輝かせていく。

そして、国産農産物を食べることは、日本も他国も、すべての国が自給できる国になるよう、連帯し農業技術を学びあい、交流していく運動につながる。

農産物輸入賛成派は、工業化していない国は、農産物の輸出で外貨を獲得できるのだから、日本が農産物を輸入することでその国を助けることにもなるし、国際的協調という観点からも、輸入反対を唱えるのは農民のエゴだという。しかし一九九三年、日本がコメ不足でタイから大量のコメを輸入したとき、世界のコメの相場は一気に跳ね上がった。世界の本当に貧しいところにコメがまわらなくなったのだ。

一方で日本には多くの田畑があり、十分に自給でき、余剰米を貯蔵する倉庫も技術もある。そして、貧しいといわれる国ぐにも、自給の努力をすれば、真の自立に向かえる。各国が第一次産業を大事にし、命を守る尺度で国づくりをしていけば、将来の食糧危機や環境破壊は回避できるのだ。だから、「THAT'S国産」は、意固地な国粋主義ではなく、きわめて国際的な運動なのだ。グローバリズムとは正反対の、固有の伝統や風土の多様性を認めていこうとする考え方である。

日本中、どこへ行っても国道沿いに同じ大手スーパーマーケットや量販店、コンビニエンスストアの看板が並ぶ。地域で生産されるコメや野菜や卵が地域内で流通せず、中央に運ばれてばらばらに分配される。これもまた国内版グローバリズムといえるだろう。

かつて私自身もそうだったように、地方に住む人びとの多くは、東京や外国への憧れを抱いてきた。田舎には何もなく、東京など大都市や外国に何かすぐれた文化や文明があると思ってきた。東京で売られているものが地方にも置いてあることが、豊かさの象徴であると錯覚していた。もちろん、人びとが多く集まるところでは切磋琢磨してすばらしい文化が生まれるのも事実だ。だが、個々の生活基盤である地域を大切にし、そこからまったくちがう形の新しい文化を起こしていくべきなのだ。中央の文化だけが価値基準とはかぎらない。むしろ、都市が失ってしまった生き生きとした自然こそ、これからの時代は大きな財産であり、風土に根ざした力強い暮しにこそ、真の文化がある。

世界の大きな潮流であるグローバリズムを拒否し、むしろ国を超えたローカリズムによって国内でも地域内の循環を考え直していきたい。地場生産・地場消費で地域に活力を生み出し、風土に根ざした暮らしを生き返らせることを目標に、「THAT'S国産」運動も展開していきたいのである。

◉「THAT'S国産」運動の基本理念　一九九五年

「THAT'S国産」運動では、畜産のエサの問題も考えた。日本の畜産は、エサの九八パーセントが輸入トウモロコシなどでまかなわれている。遺伝子組み換えを含めて、根深い問題をかかえている。

大地で扱っている岩手県の日本短角牛、仙台黒豚、各地の鶏などでは、すべて国産のエサにし、それぞれ「THAT'S国産牛」「THAT'S国産豚」「THAT'S国産鶏」と名づけた。国産のエサでやっていけるというモデルをつくったわけである。全国農業中央会などにもこのモデルを提示し、一緒に「THAT'S国産」運動を展開しようと呼びかけた。

韓国の農協中央会が「ウリミル運動」を全面的に支持したように、全中も「THAT'S国産」を押し進めてくれることを期待している。例えば、全国農業中央会系列の生協やスーパーマーケットに、現在は、所狭しと外国産の農産物や加工品が並んでいる。品揃えの豊かさがないとお客は呼べない、消費者の要求だということだろう。

しかし、全中の母体は日本の農民なのである。そのミッション（使命）は、農民が生きやすい環境をつくることだ。ならば、系列の店こそ、「国産を食べよう！」と大きく旗を掲げ、地域の農産物を揃える工夫があっていい。国全体の自給率を観念的に論じる前に、先述した韓国自然農業中央会の趙さんの言葉のように、足もとをみつめ、自分たちの自給率を見直す視点を日本の農民すべてがもちたいと思う。

「THAT'S国産」運動を展開していくうえで、私たちは、本書で述べてきたようなことをつぎのような基本理念としてまとめた。

❶――「THAT'S国産」運動は、食べ物の「価格破壊」に賛成しない。

❷――「THAT'S国産」運動は、不買運動ではなく好買運動である。外国の農産物をボイコットする運動ではなく、自国の農民がつくった農産物を、自分たちの意思で、好んで選び

大切に食べようという運動である。

❸――「THAT'S国産」運動は、地域を大事にする運動である。

❹――「THAT'S国産」運動は、国際的責任を果たす運動である。

❺――「THAT'S国産」運動は、「思慮深い」行動である。

国産のものを食べるということは、他国を思いやり、次世代を思いやり、将来の食糧確保や環境問題を考える想像力をもった行動だ。また、目先の利益やメリットで安い農産物を生産したり食べたりすれば、農薬や添加物など危険性のあるものによって結局は病気を生み出し、医療費も増す。国産の安全性を考えれば、医療費等社会的コストをおさえる行動でもある。つまり、国産のものを食べるということは、「思慮深い」行動といえるのだ。

❻――「THAT'S国産」運動は、豊かな食生活を育む運動である。

食べ物は、その土地の気候、風土、歴史が育むものである。日本の豊かな食文化は、自国の第一次産業がきちんと守られてこそ、受け継がれていく。今、私たちの世代が国産のものを食べることがつぎの世代に食文化をつないでいくことになる。

❼――「THAT'S国産」運動は、韓国のウリミル運動に学ぶ。
❽――「THAT'S国産」運動は、有機農業を推進する運動である。

「国産のもの」といっても中身はさまざまである。外国産と価格で競争してしまえば、安全性もゆらぎ、経済的な破綻も目に見えている。価格とは別の価値基準で安全性を追究し、環境保全型の農業であることが、消費者の支持も得て、誇りに満ちた農業の姿を実現する。

中国に古くから言い伝えられるという食の三原則は、

❶――だれがつくったかわかるものを食べよ。
❷――どこでつくったかわかっているものを食べよ。
❸――なるべく早く食べよ。

だと聞いたことがある。これを現代版に直せば、「自分の住む地域で、生産者の顔の見えるものを、新鮮なうちに食べる」ことであり、まさに「THAT'S国産」運動の訴えることにほかならない。昔は「だれがどこでつくったか」は「毒が入れられていないか」を確認する手段でもあっただろう。

現代では、食べ物をコストを抑えて楽につくろうとすれば農薬が入り、遠くに運ぼうとすれば、鮮度保持剤や添加剤、ポストハーベスト、燻蒸剤などというとんでもない毒が入る。昔も今も、口に入る食べ物に対しては、よく吟味してこの三原則を守ったほうがよさそうである。

第5章

楽しい生活の場づくりをめざして

1――「大地を守る会」こだわりのものさし

◉何でもとことん議論！　多数決はとらない

大地を守る会は、市民運動を行う任意団体と事業活動を行う法人の二つの活動体から構成されている。事業が市民運動を物質的に支え、事業から発見される問題点を市民運動として展開し、両者が一体となって、経済的に自立した活動をしている。

現在、大地を守る会全体の正規職員は一七六人。すべての職員が、法人の職員として働いている。そして、それぞれ関心のあるテーマがあれば、自ら手を上げて運動の担当者になって活動する。基本的に、運動はやりたい人が提案し、そこに他の職員や消費者会員で関心のある人たちが集まってきて活動する方式なのである。上から、組織のために取り組むように人数を決めるなどの強制はしない。

ただし、例えばエネルギー問題に関する運動をやりたいという動機で大地を守る会に入った職員も、法人に勤めることは義務づけられる。これは、運動は経済的に自立しなければならないという原則を職員個人にも当てはめているからだ。

職員同士のコミュニケーションは、部門別に週一回行われる会議や、「合宿」と呼ぶ一日がかりの会議・交流が主要な場となっている。仕入れ、配送など部門別合宿と、ほぼすべての職員が参加する年二回の全体合宿があり、そのときに、組織が抱えているさまざまなテーマや労働条件などについて徹底して議論する。

民主主義といえば多数決が決まりごとのように思われているが、私たちの組織は、初期のころはとくに、原則として多数決はとらないという方針でやってきた。多数決をとれば、必ず「反対派」として組織に残る人たちがいる。反対派として残った人たちは、決まったことがよくない結果になったときに、「だから反対したのに」という言葉を発しがちだ。それは組織にとって大きな「しこり」となり、前進する力をそぐ元になってしまう。

何でも多数決で決めてしまうと、革新的に何かをやりたい少数派の人の行動を縛ってしまう場合もある。私たちは、いかにも民主的な多数決が、ものごとを形式的できれいごとにおさめてしまう危険性を、多くの市民運動や労働運動の現場で見てきた。

だから、すぐにでも結論を出さなければ間に合わないという問題の場合は、少々乱暴のようだが、多数決もとらず責任者が決断をくだす。時間が十分にある問題に関しては徹底した議論を重ねたうえで全員が納得して前に進む。

全員一致であれ、意見のちがいがあれ、とにかく前に進んでいかなければならない。理想的な選択ではないにしろ、一つの道を決めて進まねばならないのだ。そういう局面で責任者がくだす決断に反対する人たちには、いつまでも反対派で残らずに妥協してほしいのである。「そういう方向ならそれでいいよ。一緒にやる」と、しこりをといてほしいのだ。

こうした進み方は、私たちがまったく新しい、既存の組織とは異なったものを求めてきたことによるのだろうと思う。生産者である農民も、つねに試行錯誤をくり返し、日々たくさんの選択肢から自分でいいと思う結論を自らの存在をかけて選ぶ。そうやって新たな技術を獲得しつつ前進している。

流通にしても、農協や市場のトラックを使えないために生産者自らが運転することから始まり、共同購入のステーションや宅配方式をつくるなど、まったく新しい方法を模索してきた。消費者も、ただお金を出して野菜を買うのではなく、ステーションをどこにどう構成し、箱詰めの野菜をどう分けあうか、自分たちで考えながら進んできた。

他のどの組織もやっていないことばかりをやってきたのだから、当然、既存の生産・流通・消費の常識が前提ではなかった。羅針盤のない航海に出てしまったわけである。初期のころは、配送職員も身体を壊して倒れるか、コスト割れするかという瀬戸際で新しい試みに取り組んでいた。日々起こってくる新たな問題に立ち向かい、それをどう解決するかは、現場の仕事に携わる生産者と職員、消費者自身が、議論することでしか解答を得られない。

「全体合宿」は、実行委員会をつくり、その年ごとにテーマを決めて企画を練る。

例えば、二〇〇四年は四つの企画があり、一日目はそれぞれのグループに分かれた。漁師たちの船に乗せてもらい、東京湾を一周しながら、東京湾汚染問題について話をきくグループ。風力発電の現場を訪ねる原発反対グループ。生産者を訪ね、現場の問題をきくグループ。農作業体験グループ。

各グループとも土曜日の一日を費やして活動し、夕方、全体が一堂に会し、報告しあい、夜は酒を飲みながら議論沸騰し、大騒ぎの交流会となる。夜が明けて、今度はシラフで議論をし、散会となる。

こうした合宿、議論の積み重ねで、手探りしながら大地を守る会の組織が形づくられ、その時どきの方針が決まってきたのだった。

また、消費者会員は以前の地区連絡方式からさらに自由に活動ができるように、「だいちサークル」と名称を変えた。会員は、それぞれ自分たちでテーマを選び「サークル」をつくる。「天然酵母でパンづくり」、「子育て」、「子どもの工作教室」、「エネルギー」、「シュタイナーの勉強会」など、現在では一七の「だいちサークル」が活動している。仕事や子どもたちの学校関係の行事などで忙しい会員が多いのだから、無理な活動はしないで、興味の湧くものなどに自由に参加するほうが長つづきするだろう。市民運動も、大地を守る会の場合は、やりたい人が手をあげてやる方式なので、職員、消費者会員の区別なしに、参加は自由かつ自主的にしてもらっている。

生産者会員は、北海道、東北、関東、中部、甲信越、西日本の六か所に分けて、生産者ブロック会議を設けている。また、作物別の生産者会議もあり、薬物野菜、柑橘果物、リンゴ、ジャガイモ、トマト、平飼養鶏、畜産、コメなどに分かれて会議が開かれている。加工品や水産物製造者の会議、さらには天敵や拮抗作物利用の病虫害対策技術、雑草対策などの会議もひんぱんに開かれている。こうした会議は、生産技術の勉強会や問題点の話しあいの場でもあるが、うまい酒を飲み、互いの元気が共鳴してさらに元気になる交流の場として重要な役割を果たす。形式的な組織をつくりブロック代表を選出するという形はとらない。

一年に一度の総会では委任状を認めておらず、いいたいことや、やりたいことがある人は、総会に出てきて意見を述べ、議決に参加することになっている。どんな議案でも総会に参加した人の半分以上の賛成がないと決まらないという規則だ。もちろん、大きな問題に関しては、機関誌に掲載したり、説明会を開き、議論をする場を設けているが、基本的に会員としての権利は、会員が主体的に使ってこそ活かされると考えている。

生協や市民運動団体では職員は事務局スタッフとして当事者にはならずに、実際は会員から見えないところで組織を動かしていく場合が多い。ところが、大地を守る会では、生産者も消費者も職員も、会員として対等な立場であるため、職員が消費者会員に対して遠慮も媚もなく話しあいが進んでいくことになる。なるべく、形式的な民主主義に陥ることなく、会員がやりたいことができるようにしたいと思っている。

◉大地の基準――押しつけのガイドラインは要らない

大地を守る会は、発足以来、生産者、消費者、職員ともに「顔の見える関係」を大切にしてきた。宅配を始めてからは、情報誌の充実や産地交流を盛んに行うようにし、つねに「だれがどうやってこの野菜をつくり、手元に届けるか」がわかるように心がけてきた。

有機農産物については、「無農薬無化学肥料栽培」を基本としながら、日本の気候・風土条件や経験・技術に差があることも考慮して、つぎの四つを指標としてきた。

❶――できるかぎり農薬・化学肥料は使わない。
❷――原則として除草剤は使用しない。
❸――土壌消毒はしない。
❹――他人の悪口は言わない(この点に関しては次項で詳述)。

有機農業運動は、農薬ゼロをめざして生産者が主体的に取り組み、自分の畑の特徴、地域の風土、その年ごとの気候の特性をつかみ、日々生産技術を探究することで地道に進んできたものだ。ところが、「有機無農薬」という言葉が世の中で認知されるにつれ、それが付加価値のようになり、さまざまな「有機野菜」が出回るようになった。一九九〇年ごろ、東京の大田市場に入荷してくる野菜の、じつに七割までに「有機」という文字がつけられていた。有機農産物といっても基準があいまいである。農薬や化学肥料を使ったものでも、ダンボールに「有機農法」と表示すれば高く売れる。そんな不正は許されない。こうした声を背景に農水省は、有機農産物の表示について何らかの規制を加えることを検討し始める。農産物のグローバル化によって、外国産のオーガニック品も輸入されるようになっていた。国際的な基準のすりあわせも課題となっていた。こうして、第4章のＤＥＶＡＮＤＡ運動の項でふれたように、一九九三年四月、農林水産省によって有機農産物の特別表示「ガイドライン」が施行された。しかし、そこには多くの問題点があった。

例えば「有機」の表示では、三年以上の土壌管理を必要とするとしていたが、実際の表示では「無農薬栽培農産物」となっていても、化学肥料使用の有無が問われないものであった。「無化学肥料栽培」という表示では、農薬の使用は問題とされないという欠陥があった。また、「天然農薬」は使用可としたが、それらのなかには実質的に化学合成されているものも認められた。

「減農薬栽培農産物」の項でも、「生産過程における化学合成農薬の使用回数が、当該地域の同作期に慣行的に行われる使用回数のおおむね五割以下のもの」としたが、この規定も非常にあいまいなものだった。個々の農薬の毒性や残留性、使用する場合の濃度、散布方法のちがいを考慮せず、ただ回数のみで差別化していたからである。

このように、有機農産物の特別表示「ガイドライン」は拙速につくられた感を否めず、あいまいで、消費者の混乱を招くものと思われた。また、二〇年以上真剣に有機農業に取り組んできた生産者や支えてきた消費者への敬意などないものだった。日本の風土、地域による気候のちがいなどに斟酌《しんしゃく》することなく、欧米の有機農法の基準を参考とした考え方をそのままもってきていた。

日本の有機農業運動は、生産者と消費者の信頼関係から基準が決まっていったのだが、その努力が踏みにじられるような思いがした。そこで、私たちは反対運動を起こし、農水省との議論に参加し、それを新たにＤＥＶＡＮＤＡ運動につなげたのだった。「ガイドライン」はその後、有機農業生産者や消費者、マスコミなどの強い批判を受けて、実効性をもたないまま事実上撤回された。

その運動のさなか、一九九三年には有機農産物などを対象に「特定ＪＡＳ規格」を設置する主旨のＪＡＳ法改正案が国会を通過し、一九九九年四月に改正ＪＡＳ法施行にもとづく有機認証制度が導入された。有機食品の検査認定・表示が法制化され、一定の農場で三年間以上、農薬や化学肥料をまったく使わずに栽培したもの、さらに、その生産から最終包装にいたるまで、有機性が侵されることのないよう厳しく第三者認定機関に検査されたものにかぎり、JASのマークとともに有機またはオーガニックの表示が認められることになった。二〇〇二年四月、日本ではじめて有機農産物の認証制度がスタートしたのである。

認証制度は、必ずしも日本の有機農業を推進するものではなかった。農家にとっては、記録をつけたり、使用する資材が本当に使っていい資材かいちいち認証機関に問い合わせなければならないなど、負担が大きくなった。それでもなお、生産者たちは自分の農産物に対する信頼を高めたいと認証制度を受け容れていった。

大地を守る会としても、「大地を守る会は、できるかぎり無農薬無化学肥料をめざして一生懸命こだわりの農産物をつくっています」と言っているが、時代の変化のなかで、そのこだわりや特徴とは何なのかという肝心なところが見えにくくなっていた。消費者の方々には「食べてみたらおいしさがちがう」というありがたい言葉を頂戴することもあるが、その言葉だけに甘えていていい時代状況ではなくなっている。

大地を守る会は、農産物についての生産基準をまとめ、加工品・雑貨・水産物・畜産物(食肉)については取扱い基準・取り扱い指針を明記し、二〇〇〇年一月に「大地の基準〈こだわりのものさし〉」として小冊子を発行した。基準や指針は、農業技術の変化や諸外国との社会的・経済的関係、科学者や技術者の分析技術レベル、生産者やメーカーの努力の成果などによって変化するので、年々改訂している。

◉批判と悪口はやめよう——忘れられない痛恨の事件で考えたこと

大地を守る会の指針のなかに、「他人の悪口は言わない」という一項がある。これは、一九八二年から一九八三年にかけて起きた痛恨の事件から得た教訓である。

一九八二年、月刊『潮』一〇月号に、あるルポライターが書いた「自然食品のうそと本当の見分け方」と題する記事が掲載された。「〈自然〉や〈天然〉がうたってあれば、〈健康〉で〈安全〉というのは大まちがい、この驚くべき実態!」という見出しで、無農薬や有機といっても大地を守る会などの業者が間に入れば、いいかげんなものでしかない、というようなことが書かれていた。加えて、茨城県玉造町のベテラン有機農業家の発言としながら、一五〜六戸で構成される「茨城大地有機農業研究会」では農薬が使われており、まともな堆肥すらつくっていない、インチキだと指摘していたのだった。

今でこそ有機農産物の認証制度ができており、「自然」や「天然」という表示にも厳密さが求められているが、当時はまだ有機農業運動の黎明期。「表示の厳密さ」より、生産者と消費者の信頼関係に依存するほうが強かった。「農薬を使って何が悪い」「無農薬で野菜がつくれるはずがない」と公言してはばからない勢力が強い時代である。外からのちょっとした攻撃でも、私たちの組織はいつでも瓦解してしまう弱さを抱えていた。

私は、『潮』編集部に申し入れ、一二月号に反論を書いた。茨城大地有機農業研究会の件は事実無根であること、有機農産物は完全無農薬で高品質でなければならないというのは消費者のわがままにほかならないこと、もっと生産者を育てあげていく気持ちが大事なこと、そして有機農業者が他の生産者を誹謗中傷するという現象にこそ問題があると指摘した。

やっかいなことに、この記事で発言しているベテラン有機農業家も茨城大地有機農業研究会の一人であり、インチキ呼ばわりされた生産者も大地を守る会の生産者だったのである。『潮』誌上で大地を守る会そのものが中傷されることよりも、生産者が同じ会の仲間を都市住民に向かって中傷し、内部告発をするということに、私は問題の深刻さを感じた。

茨城大地有機農業研究会は、大地を守る会発足当時からの主要な生産グループだった。毎月の定例会、定期的な役員会、年一度の総会なども行っていた。生産者同士、論争したいことがあるならば、本来そういう会議で面と向かって問題を指摘し、徹底して議論すべきだった。また、他の生産者のやり方に問題があるならば、勉強会を開いて教えてもよかった。

ところが、しだいに定例会などの場ではだれも何も言わないという雰囲気になっていく。そして、陰でウワサを流したり、交流会にやってくる消費者に向かって、ベテラン生産者が他の生産者の悪口を言ったりした。

告発した生産者は、消費者に自分の野菜を評価してもらいたい、自分の苦労や工夫を理解してもらいたいという気持ちから、つい他の生産者の悪口、批判が出てしまったのであろう。無意識のうちに、他者を批判することで優位に立とうとしたのかもしれない。その生産者は、確かに研究熱心だった。苦労を乗り越え、人一倍の努力によって獲得した自分の農法に誇りをもっていた。だが、自信をもつあまり他人の農法や技術を馬鹿にし、あんなものは有機農業じゃない、インチキだなどと言いだしたところが悲しい。

「Aさんは完熟堆肥でなく生の堆肥を入れている。それじゃあ本当にいい野菜とはいえない」などと聞かされれば、当然、消費者は動揺する。聞かされたのはとくに熱心な消費者たちだった。そのことが、さらに事態を深刻にする。当時は消費者会員でつくる流通委員会が生産者グループと話しあいながら取引を進めていた。その流通委員会で、「Aさんの野菜は買わないことにしよう」という結論を出し、Aさんを訪れて、「あなたの堆肥のつくり方はまちがっている。あなたのような未熟な生産者は、大地を守る会を辞めるべきだ」と糾弾したのである。

当時の市民運動の武器は、まさしく告発と糾弾だった。政府や行政、大企業の不正や汚職、公害などを告発、糾弾し、それを反省させて正す。この手法を、当時の大地を守る会の消費者たちは生産者に向けたのだった。しかも、純粋さを求めるあまり、ちょっとした不純なものでも許せなくなってくる。考えてみれば、消費者が野菜づくりのプロである農民に向かって、その技術は未熟だと批判するのも傲慢な態度だ。当時の有機農業運動は、まだまだ発展途上期であった。内外ともに不当な批判や攻撃にいつもさらされていた。生産者と消費者の信頼関係はささいなことでも壊れてしまう可能性があった。であればこそ、両者はいつも励ましあい理解しあって、小さな信頼を大事に大事に育てあげなければならなかったのである。その意味で、この事件は本当に残念な事件だった。

結局、この問題で四〇〇人を超える消費者会員がやめていった。まだ会員も少なかったため打撃は大きく経営的に危機に陥った。だが、「他者を痛烈に批判することで優位を示そうとする、告発型の市民運動とはここで訣別しよう」という意志が明確になり、組織の方向が定まった点で意義あるできごとだった。

かくして、大地を守る会の方針として「他人の悪口を言わない」という一項が加わった。

◉生産技術公開——エリート主義でなく全体の水準を上げる

生産者同士が誹謗中傷した事件は、有機農業がたどってきた困難な道程を象徴するできごとだった。

農薬や化学肥料を使用する慣行農業は、いわば工業的なやり方であり、全国どこでもそれほど差もなく、農薬や化学肥料を農協の指導による量と回数を指定の時期に撒けばよい。もちろん、そのなかでもていねいさなどによって出来不出来に差は出るが、おおむね画一的でベテランと若手でも極端に収穫に差が出ることがない。人手をかけずにできる分、農薬による危険性が大きいわけだが。

一方、有機農業は、農薬や化学肥料の危険性に気づいた人たちが、独力で努力を重ねて農法や技術を探究してきた。その間、学者や国の機関が手を差し伸べることもなかった。農協や周囲の農家からの無理解、非難もあった。地域によって気候条件も土壌も異なる。そのため、困難を乗り越えて高い技術レベルに到達した人は、プライドが人一倍高いのも当然といえば当然だった。

そのプライドがなければ、三〇年を越す有機農業運動はつづいてこなかっただろうし、そのプライドゆえに多くの人たちから慕われている農業者も多い。だが、プライドのあまり、偏狭に他を排除する場合がある。そうなると、これから有機農業を始めようとする若手を育てるどころか、残念ながら前項の事件のようなことが起こりがちなのである。実際、大地を守る会にかぎらず、各地で、生産者同士が非難しあい、提携消費者の取りあいのようなことも起こっていた。有機農業運動の歴史の暗い一面だ。

もちろん、勉強会や書籍の発行、研究成果の発表も重ねられ、現在では有機農業全体の水準が上がってきているが、それでも、有機農法に慣行農業のような画一的農法、マニュアルを期待することはできない。畑の地力にも影響されるし、気象条件によって差が出てくる。ちょっとした技術で収穫量に大きな差が生じる。ということは、有機農業の生産者は、同じレベルに達することが難しいのである。それだけに個人の工夫が楽しめ、地力が安定するところまでもっていけば、慣行農業とは雲泥の差が出る。丈夫でおいしい農産物が収穫できるようになれば、喜び、やりがいもひとしおとなる。

つまり、有機農業の生産者は、皆同じ水準に達しているわけではない。有機農業を始めて一年目の生産者と三〇年つづけている生産者とでは、その技術や方法も異なる。有機農法をつづけていれば、田畑の土壌の状態もまったく変わってくる。加えて、地域や年々の気象条件のちがい、その対応の仕方のちがいによって、作物の状態は変わってくる。だからこそ、第2章で述べたように、有機農産物は、「考える素材」であり、画一的な商品ではなく多様性のある「文化のかたまり」なのである。そして、人によって進度もちがうし、皆が一度に同じレベルになれるわけではないし、一緒に成長していくわけではない。

私は、「昨日まで農薬をたくさん撒いていました」という農民こそ、仲間に入れたい。無農薬でやってみたいがどうやっていいかわからない人たちが、とにかく取り組み、つづけていこうとする。最初から完全無農薬ではできないから、三回散布していたものを一回に減らすことから始めればいい。つまり、有機農業者には、教授や大学院生レベルの人もいれば、小学一年生になりたてほやほやレベルの人もいる。それぞれの条件のなかで努力していることを評価し、消費者も認めなければ、有機農業運動はいつまでも広がりをもつことができず、社会は変わっていかない。

完璧なプロフェッショナル、エリート生産者の有機農産物だけがほしいというのは、有機農業運動ではなく、単なるエゴイズムではないのか。エリート生産者とエリート消費者とが直接提携し、外の世界とは遮断された自分たちだけの理想郷づくりをする。「本物がわかる人だけでやっていこう」とするのも一つのやり方だが、私はそのような道は選択したくない。

エリートだけの理想郷づくりではなく、広く世界全体とつながり、多くの人が少しずつでも変わっていく方向をめざしたい。農薬や化学肥料を使う農業にしても、生産者だけを責めようとは思わない。結局、農薬や化学肥料を使わなければ生産者が生きていけないような社会をつくりだしたのは、日本人全体なのだ。皆が「モノがたくさんあって便利で、夜も煌々と明るい社会」を喜び、望んできた結果だ。農業が勝手に姿を変えたのではなく、消費者の要望にそって、欲望に忠実に今日の姿に変貌した。

だとすれば、有機農業運動でも、ただちに無農薬、無化学肥料、完全有機で高品質の農産物をつくるべきだと、消費者が生産者に厳しい要求を突きつけるのではなく、生産者の時間のかかる成長をともに喜び、流通の仕組みを考え、ただ要求するだけではない消費のあり方を考えていく懐の深さが望まれるのではないか。徐々にではあっても、生産・流通・消費という社会の大きな動きそのものが同時に転換していけば、有機農業は閉じられた狭い世界から抜けだし一歩も二歩も前進できるだろう。

前項で述べた事件の教訓から、大地を守る会では、人の悪口を言わず、批判をせず、生産技術はなるべく公開し、全体のレベルを引き上げていく努力をしている。もちろん「Xさんのトマトはおいしい」「Yさんのリンゴなら毎年注文する」という形も大事であり、消費者に人気のある生産者はたくさんいる。だが、ベテラン生産者がその技術を惜しむことなく公開し、勉強会を開いて若手に教える。あるいは、東北地方で随一といわれる生産者と九州一といわれる生産者が議論する。そうすると、新たな見方が加わり、技術はさらに伸びていく。また、自分の畑ではどうしてもベト病が広がり、農薬を一回使用しなければ、まともなトマトができないと悩んでいた人が、全国から集まるトマト生産者の話を聞いて、完全無農薬に挑戦して数年目に成功し、その経験を報告して喜びあったりする。技術的な進歩は、先述した小冊子「大地の基準〈こだわりのものさし〉」に反映させていくようにしている。

自分のもつ技術を公開することで他の生産者に売り上げを食われるのではないかと心配する向きもあるが、不思議なことに、自分だけで技術や知識を抱えこまず、広く与えようとする人には、さらなる進歩が訪れるようだ。議論を重ねてますます技術が高まり、交流が豊かになり、人望も増していく。

◉組織や運動は螺旋階段状に上昇する

有機農業生産者にも、教授、大学院レベルから小学一年生レベルまで段階があるといった。それは、消費者にも同じことがいえる。

例えば、初期のころはとくに、ダイコンやキャベツなどが一時にできすぎることも多く、共同購入ステーションには注文以外の品が大量に運びこまれる日もあった。「これ、できすぎちゃったんですけど、なんとか引き取ってもらえませんか」と配送職員が言えば、「いいわよ。お漬物つくるから」などと気軽に引き受ける消費者もいれば、いやとはいえず引き受けたものの途方に暮れる消費者もいる。

野菜をつくってみればわかるが、天候の加減などで一時にできすぎたり、不作だったり、なかなか人間の都合に合わせてくれることはない。畑には畑の都合があるのだ。そこで、一時に大量にできるものは、昔から漬物や乾物など加工して保存するわけだ。農家などでは、この加工・保存も重要な暮らしの技術・知恵として代々伝わってきた。すぐ食べるにしても、料理法のバラエティの豊富さが、農産物とうまくつきあう秘訣だろう。

ところが、現代の都市生活者はおおむね少人数の核家族であり、加工・保存の技術が伝わっておらず、家も狭く加工や保存のための空間がなかったりするのだ。泥つき、虫食いの農産物がマンションにやってきただけで、泥を落として配管が詰まり、虫食いの外葉ですぐゴミがいっぱいになりイライラしているところに、山ほどのキャベツやダイコンが持ちこまれたら、もう泣きたい気持ちになる。頭では有機農業運動に賛成していても、実際の生活では、とてもついていけないと弱気になってしまうのももっともなのだ。

山ほどのキャベツを何品ものおいしい料理に変身させ、さらに漬物にして、ご近所や親戚に配って喜ばれる消費者は、「教授・大学院レベル」だろう。だが、だれもがそんなに上手に農産物とつきあえるわけではない。がんばらなくてはと思いながら、台所に積んでおいたキャベツの山が腐り始め、そっと捨ててしまい罪悪感にさいなまれる消費者もいる。そんな消費者を「だめじゃないの」と批判する人もいる。「お百姓さんが大事につくったものを捨てるなんて許せない！　有機農産物を購入する資格はない」というわけだ。

だが、そこで寛容でありたい。まだ有機農業運動に目覚めたばかりで、これから仲間に入ろうかどうしようか、扉の前でたたずんでいるような人を、ちょっと失敗したからといって袋だたきにすることはない。そういう人こそ仲間に引き入れ、「小学一年生」としてゆるやかな成長を暖かく見守り、ときに手助けしていかなければ、運動は広がっていかないだろう。

一九八〇年ごろ、大地を守る会内部で「マヨネーズ反対運動」が起こったことがある。加工品を扱っていなかった当時、秋田県の卵生産者がマヨネーズをつくり、ビンに詰めて売ってはどうかと提案してくれた。試作品はとてもおいしかった。さっそく消費者会員にマヨネーズを売りたいと提案したところ、熱心な会員たちから即座に猛反対の声が寄せられた。

「マヨネーズは、卵と酢と油があれば、自分で簡単にできる。手づくりこそ日本の農業にとって大事なことじゃないの。大地を守る会までそんな加工品を売り出したら、主婦が家庭で工夫し、手間をかけて料理をするという大切なことの芽を摘んでしまうじゃないの」

大地を守る会は、加工品をつくって儲け主義に走ろうとしているとまで非難され、あちこちのステーションでマヨネーズ反対運動が起こったのだった。

マヨネーズでも味噌でも手づくりがよいのはもちろんだ。そういう暮らしをめざして有機農業運動に参加している人は多い。それでも、諸般の事情で、時どきはつくるが出来合いのものに頼りたいときもあるという人が一般的だろう。全員がいっせいに今すぐ手づくりをしようとする運動では、ついていけない人が続出する。その人たちを閉めだして完璧な姿を実現しようとすると、運動は強制になり息苦しくなる。理想をめざしつつ、マヨネーズをつくったことのない人が、一か月に一回程度手づくりをしてみる。ベテランは、「甘いわよ」などと馬鹿にしないで、一歩進んだことを共によろこんではどうだろう。

そして、第2章で述べたように、地域に加工場があることも文化の一つであり、原料や作り方の確かな小さな加工場を皆で育てていくことも、地域の活性化につながる。加工品は全部ダメと否定しない視点ももちたい。

組織や運動は、一気に皆が同じ地点に立てるものではない。幾重にも階層を変えつつ螺旋階段のように上昇していくものだ。同じ場所にいて進んでいるつもりでも、ベテランと始めたばかりの人とでは位相が異なるのだ。ベテランから見れば「信じられない非常識、甘い考え」であっても、いきなり上層部にはたどり着けない。意識も知識も育ち方も世代の常識も異なる人たちであれば、せっかく「目覚めた意識の芽」を摘まず、目覚めたことそのものを認め、他のちがいは容認し、成長を助けることが肝要だろう。

2——異質なものを排除しない豊かな精神

◉純粋は危険！「異質」「遊び」を容認するおおらかさ

有機農業運動において、生産者が消費者に厳しい要求をする場合もある。例えば、とれすぎるキャベツの問題。かつて私は、日本有機農業研究会の設立者・一楽照雄氏と、生産者―消費者の提携のあり方をめぐって論争したことがある。

一九八三年、山形県の高畠町で開かれた日本有機農研の全国大会の席上だった。誤解のないように述べておくが、一楽さんは日本の有機農業の生みの親であり、育ての親であった。個人的欲望などなく、心底から日本農業の行く末を案じていた人だった。一楽さんがいなかったら、日本に有機農業は根づかなかったかもしれない。

一楽さんは、大地を守る会が市民運動から株式会社になってしまったことが気に入らなかった。会員団体として認められないとまで主張した。株式会社の有している資本の論理が、有機農業運動を歪めてしまうと考えたのだろう。株式会社でも、立派に有機農業運動を展開してみせると、鼻っ柱だけは強かった私たちは、一楽さんの「株式会社批判」に大いに反発したのだった。いつも国家や行政に振り回され、産地商人や流通業者に搾取されつづけてきた農民を、一楽さんは何とか救いたいと考えていたのだと思う。そのためには、生産者の事情に配慮する消費者を育てなければならないと考えていた。その気持ちが、「全量引き取り制」や「提携のあり方」に表われていた。

一楽さんの主張した「全量引き取り制」は、当時、有機農業研究会などで主流の意見だった。「有機農業運動を支える消費者は、直接農民とつながり、農民がつくったものは全量引き取るべきだ。キャベツがたくさんとれたときには、キャベツをたくさん食べなさい。そうやってキャベツを食べつづけることが、農民との信頼関係を築くことになる」

消費者が好きな量だけ買う注文制は、流通業者のやることで、それでは消費者は農民と連帯できないという。

しかし、これにも私たちは反発した。消費者が農民の苦労を思い、畑の都合に合わせて生活しようという気持ちは非常に大切だ。だが、一か月もキャベツの山と格闘すれば、消費者は苦しくなる。そこで苦しめば苦しむほど農業を理解できるとか、農民と連帯できるというのでは、あまりに精神主義すぎないだろうか。ちがう解決の仕方を探せないだろうか。

大地を守る会でも、農民と契約した分の野菜は全量引き取るし、先述したように、初期のころは注文以外の品を引き売りして半ば押しつけるように買ってもらっていた。だが、基本的に消費者会員に対しては注文制だ。徐々に引き売りでは解決できなくなっていったため、余剰野菜や不足・欠品をうまく処理するシステムを考えた。

野菜の収穫量に応じて、買い方を分けてみた。自由に注文して買える野菜と、畑の都合で何が入ってくるか消費者は選べない「セットもの」の野菜、この二種類の買い方を設定した。セットものはさらに二種類あり、「畑まるごとセット」は少量しか出荷できない野菜や出荷時期が予測できない野菜を組み合わせたもので、「葉ものセット」は、その時期に出荷される葉もの野菜を収穫量に応じて数種類組み合わせたものである。

何が届くかわからないが、確実に一定量の野菜が届く。そして、キャベツばかりが食べきれないほど届いてしまう心配がない。消費者は、このセットを楽しみにしてくれるようになった。全量引き取りを、システムの問題で乗り越えることに成功したのである。

有機農業運動を含む日本の社会運動の多くは、運動に楽しい要素を取り入れることを拒否してきたように思う。まして、苦労を楽しみに変えることなどもってのほか、「純粋さに欠ける」ものはことごとく否定された。

苦しくてこそ運動であり、皆で苦しみを分かちあうという精神主義を掲げ、内実は階層制で上から仕切ってしまう。ちょっとでも理想や純粋と異なるものは、異物として排除されるから、だれも自由に口をきけなくなり、組織はどんどん硬化する。それでは、外側に向く生き生きとした力を失っていくのではないか。

だから、私は真面目に何かをしようとするときこそ、「異質なもの」「遊び心」を取り入れてはどうかと思うのだ。一つ柔らかなクッションがあることによって、全体を客観的に見る余裕もできる。そうすれば、本当に攻撃しなければならない相手は、隣にいる仲間ではなく、もっと遠くにいる手強いヤツであり、しかも相手を倒すだけでなく、よりよい世界を創るという本来の目的を忘れずにすむはずだ。

今まで述べてきた大地を守る会の運動で、しばしば、「アホカレ」、「DEVANDA（出番だ！）」、「あ！　おもしろいセット」など、やや軽いノリの楽しさのある言葉を使ってきたのも、そうした考えが基盤になっている。「THAT'S国産」も発音しだいで「雑穀」となる掛け言葉だ。楽しそうなところに人は集まる。もちろん、そこには運動の純粋な目的を理解できていない人も一緒に集まってしまうだろう。それでは困ると目の細かいフルイにかけて純粋な人ばかり集めるよりも、不純や異質もいったん大きく容認し飲みこんで、ちがう考え方にも刺激を受けつつ、ゆるやかに多くの人の意識がちょっとずつ変わることをめざしたい。

もともと、私はお祭好きの楽天家ではあるのだが、実務が嫌いではなく、組織づくりとなると、きわめて堅実に真面目に取り組んでしまうところもある。そんな私が、アホカレの学長にもなっていただいた小松光一さんやアジアの人びととの出会いを通じて、遊び心や自分とはまったく異なる価値観でものごとを見るおもしろさに気づき、そうした「多様性を容認するおおらかさ」こそ日本の社会運動に欠けていたものではなかったかと感じた。

「許せない！」と叫びたいことは数々あるし、実際許してはならないこともある。だが、そこで堅い心のまま性急に突き進み糾弾に終わるのではなく、許せないことの向こう側にある自分たちで創りあげる新しい社会を楽しく思い描いてみることも重要だ。

そして、同じ志をもつ仲間ならば、自分から見て稚拙な考え方や行動、異なる方法であっても、「許せない！」とは叫ばずに、こういう考え方もあるのかとおもしろがり、互いに足りないところは補いあっていけたらいいと願うのである。

◉農業を見直し、素直な心で宝探しをしよう

日本の山村では、もともと「仕事」と「稼ぎ」という言葉は別々に使われていたという。

杉は一〇〇年かけて、檜《ひのき》は二〇〇年かけて建材になる。人間の一世代は三〇年といわれるので、杉は三世代、檜は七世代かけなければ建材にならない。しかも建材になるまで、ただ植えっぱなしでいいわけではなく、下草狩りや枝打ち、蔓切り、間伐などたえず手を入れて、ようやく良質な建材になる。自分や子どもの世代で建材として日の目を見ることがなく、しかし、いつか生まれてくる子孫のために手をかける。そして、山全体の風通しや村全体の治水など今でいう環境保全を考えながら手入れをする。それを、山村では「山仕事」をするといった。

一方、「稼ぎ」は、狩猟に出かけ、ウサギやカモシカなどの獲物を仕留めること。今日、明日、自分の家族を養い食べさせるためにすることなのだ。

農作業でも、用水路を引いたり、修理したり、畦道や石垣を整えたりすることが「仕事」であり、農作物の植えつけや刈り取り作業などを「稼ぎ」という。

どちらか一方では、息の長い定住生活は成り立たず、両方ができて、山村や農村では一人前と認められた。

現代生活に当てはめてみると、将来への投資や保険という考え方はあるにせよ、自分の世代かせいぜい子どもの世代あたりしか想定しないものが多い。結局は、自分や今見えている家族さえ金持ちになればいいと「稼ぎ」にあくせくするばかりかもしれない。税金も無駄に使われているとなれば、どうも現代人は半人前のようだ。

国全体に広げて考えてみると、限りのある石油など鉱物資源を使いまくり、大量生産の工業製品で外貨獲得に励むのは、まさに「稼ぎ」だろう。そして外国から農産物を輸入するのもまた、目先の利益の追及という「稼ぎ」にほかならない。

国内農業については、中山間地域の小さな田畑は効率が悪いから、平野部でやる気のある農家に農地を集め大規模農業にしたらいいという意見もあるが、これも目先のことしか考えていないようだ。里山と一体になった農村や山村が山を守り、水源を管理してきたからこそ、平野部の農村も都市も機能してきた。世界でも稀に見る豊かな日本の山の緑や河川、海の環境を保全することこそ、国全体のもっとも重要な「仕事」ではないだろうか。

富山和子氏は、『環境問題とは何か』(PHP新書)のなかで、日本が世界に誇るべきものがあるとすれば、それは日本という国が木を伐っては植え、植えては伐って、緑絶やさない国土をつくってきたことだと語っている。メソポタミアもエジプトも、およそ古代文明から近代まで、人類は、肥沃だった土壌を食いつくし枯渇させ、足元を砂漠に変えて文明を消滅させることをくり返してきた。しかし日本はちがった。これはもう世界の奇跡だと富山さんはいう。

豊かな水を中山間地の水田が受け止め、ダムのような機能を果たしてきたし、水田は連作が可能であるために、二〇〇〇年もの間、狭い国土でも同じ耕地で食糧をつくることができ、人びとが定住し、山仕事をつづけてこれた。山が手入れされていれば、腐葉土の作用によって河川も海も豊かな環境が保たれる。農山村の営みは、国民の食糧生産という日々の「稼ぎ」として重要であるばかりではなく、測り知れない尊い「仕事」として価値をもつわけだ。

現代生活では、多くの職業において、自分や他人を評価するポイントが年収など「稼ぎ」の面に偏りがちではないだろうか。働くことの喜びが、職業の内部にあるのではなく、労働時間を売って対価を稼ぐことに集中しがちだ。

かつて職人たちによる手づくりに近い自動車製造という仕事を、自動車会社のフォードがライン化し、だれがやっても同じ品質が保てる仕事のやり方にした。仕事は格段に楽になり、できてくる自動車の品質も揃い給料もあがったが、職人たちの「腕」は活かされなくなった。仕事の中で「自分にしかできない」という誇りや、日々工夫を重ね進歩する喜びが失われていく。仕事で自己実現ができなくなってしまう。

農業においても、近代農業は工業の論理がもちこまれ、なるべく省力化・マニュアル化し、だれがどこでつくろうとなるべく同じ品質のものができるように発展してきた。もちろん、重労働からの解放も大事なのだが、日々の仕事の喜びは、どうなるだろうか。たぶん、ジャガイモが今日は一〇キロいくらで売れたとか年収いくらになるということのみが、やりがいになっていくのではないか。農協が指導するマニュアルどおりに農薬を撒いて出荷し、その農産物の評価ポイントが価格だけというのは、あまりに寂しいではないか。

そうではない農業もある。自分が住む地域の風土を把握し、その年、その月、その日の気象を見ながら、今日はどんな作業をするかを自己決定する。作物の状態を見ながらつぎの作業を決め、技術を工夫する。そんな毎日には仕事のやりがいが生まれる。消費者との交流を通じて、「今年のジャガイモ、すごく甘味があっておいしいです」という手紙をもらったり、畑に来た消費者が初めて見たジャガイモの花のかれんさに感動するのを見て、自分も改めて野菜の花をしげしげと眺めたり、てんとう虫を見つけて喜んだり。そういう、価格とはまったく関わりのないところで、感動や喜びを得ることが、生き生きと毎日をすごす原動力になる。それは、無形の大きな財産とはいえまいか。

農村には文化や娯楽が何もない、つまらないといって、都会の文化や遊びをもってこようとするのではなく、農村にしかない資源、喜びを発見したい。それは、自分の足で一歩踏みこもうとしなければ見えてこない。

岩手県山形村の前村長小笠原寛さんは、村長辞任の後、毎日山に入っている。下草狩りなど日々の仕事をしながら、今年はこのあたりの木を伐ろう、来年はあのへんを伐ろうと自分で計画を立てる。小笠原さんは五年後、一〇年後、この山がこういう形になると想像するのが何よりおもしろいという。もちろん、子や孫、その後の顔も知らない子孫の時代も思い描く。山を自分の人生の舞台とし、人生の作品として壮大な計画をめぐらすのだ。

なんと豊かな人生だろう。都会から流れてくるマスコミに影響されたものの見方を取り払い、素直な心で宝探しをしようではないか。

◉「一〇〇万人ふるさと回帰運動」——足もとの資源を信頼してみる

昭和三〇年代前半から後半にかけて、いわゆる団塊の世代が大量に農村から都市へと移動した。中学卒業生が金の卵と呼ばれて繊維工場、自動車工場、家電工場などに集団就職し、安く大量の労働力で日本の高度経済成長を支えた。高卒、大卒も、農村から都市へ流れた。その数は六五〇万人といわれている。

私自身もその一人であり、岩手県の農村から東京に移動し、大学に通い今にいたっている。当時の私にとって、前項で述べたような農村の価値はわからず、暗い山を超えて光の見える遠くに行けば幸せがあると思っていた。たぶん、六五〇万人のほぼすべての人が、似たような考えだったかもしれない。

この大移動によって農村は過疎となり、都市は過密化した。農村は「遅れたところ」として見捨てられていく。先祖が耕しつづけてきた田畑は減反や離農で荒れていく。だが、都市生活も決してバラ色であるわけではなく、ストレスに悩み心身を病む人が増加した。とくにバブル崩壊後、リストラによる失業、自殺者の増加もめだつ。

そうした状況下、一九九六年に行われた総理府(当時)の調査によると、都市生活者の三〇パーセントが「条件さえ整えば地方で生活してみたい」という。そして、団塊の世代がそろそろ定年退職の時期を迎えつつあり、老後に田舎暮しを考えている人たちも実際に行動を起こし始めた。かつて大移動した六五〇万人だけに限っても、ごく単純に計算すると、一八〇万人が今度は都市から地方に移動しようという気持ちがあるわけだ。

ただ、慣れない田舎暮しへの不安は大きく、一歩踏み出す勇気がもてない人は多い。都市生活者がいきなり農業をやっても身体を壊したり資金不足で後悔することもある。のんびり田舎暮しといっても退屈ではないかと心配する人もいる。だが、農業・漁業・林業周辺には、商品開発、流通といった都市勤労者が有している知識・ノウハウが活かされる仕事が多い。定年退職しても余力があり元気な人ならば農村、地方に定住し、自らの経験を活かす場があるのだ。こうした人たちが農村に入っていけば、地域おこしや村の文化や暮らしの知恵を継承し、地域の特産を活かした地場産業の育成や起業などによって地域社会は活性化されるだろう。

これからは、さまざまなスタイルで、都市生活者が移住して地方や農村での暮らしを実現すればいい。そのためには、地方の自治体や農協・漁協などが一体となって、積極的に移住のための住居斡旋や職業紹介、農地の用意などの支援体制を整え、生活の不安を解消していくことが重要だ。

そこで、二〇〇〇年三月、「食料・農林漁業・環境フォーラム」(代表・木村尚三郎氏)が開かれたさい、「一〇〇〇万人のふるさと回帰・循環運動構想」が提起された。「国民一人ひとりが、多様で新たな価値観のもとに従来の働き方や生き方を見直し、地方で働き生活することで豊かさを実感するとともに、農林漁業など第一次産業に働く人びとの労働が再評価されること、さらに故郷(出身地にこだわらず)への回帰・往還運動として、自然豊かな地方で暮らしたい人がそこで暮らすことのできるネットワークの構築をめざす」というものだ。

二〇〇二年、私たち大地を守る会も設立参加団体に加わり、ふるさと回帰支援センターが設立され、「一〇〇万人のふるさと回帰・循環運動」が始まった。

ふるさと回帰支援センターは、北海道から沖縄まで、全国の農村にある遊休農地、漁村の受入状況などの情報を希望者がインターネットで閲覧できる仕組みをつくり、既存の自治体の情報も一元化して利用しやすくする。「ふるさと」といっても、出身地に戻るUターンだけではなく、Iターン、Jターンも積極的に推進し、地方で暮らし生活することを希望する都市生活者や定年退職者などの人びとのために、受け入れ体制や技術指導などの基盤を整備し、地域活性化と新たな価値観を創造しようというものだ。

並行して、地域別ふるさと回帰支援センターも千葉県鴨川市や長野県飯山市などにつくられ、具体的な「田舎暮らし」の提案も積極的に行われている。

実際の「ふるさと回帰」への道筋を探るため、モデル事業として「一〇〇万人のふるさと回帰・循環運動　鴨川自然王国・里山帰農塾」も開催されている。この鴨川自然王国は、大地を守る会の初代会長だった故藤本敏夫が築いた場所だ。

一九八三年に大地を守る会を離れた藤本さんは、鴨川自然王国で、農業の多目的機能である環境、食料、生命、健康、教育、エネルギー、コミュニケーションについて考える場、そしてなにより「楽しい生活」の場をめざし、活動をつづけた。二〇〇二年七月三一日、藤本さんは、惜しくも他界したが、加藤登紀子さんや石田三示さんが鴨川自然王国の活動を引き継ぎ、今、一〇〇〇万人のふるさと回帰運動の重要な拠点となっている。最後に病床で記した『農的幸福論』(家の光協会)などにも書かれているように鴨川自然王国は、藤本さんの思想を具現化していく場として、これからも多くの人の心をひきつけていくだろう。

◉感動と希望が明日へのエネルギー——農村の暗い歴史観を見直す

昔の農村は暗く貧しいというイメージは、じつはかなり歪んでつくられてきた思想ではないか、という説がある。田中圭一著『百姓の江戸時代』(ちくま新書)もその一つで、佐渡島などの農家に残された江戸時代の資料を読みとき、農民たちの実際の暮らしを見直している。

これまでの一般的な歴史観では、江戸時代には士農工商の身分制度があり、農民は武士のつぎの階級とされながら、商人より下の最下層の暮らしを強いられ圧政に苦しんでいたとされてきた。田畑の所有を許されず、重い年貢に苦しめられ、制度や禁止令にがんじがらめにされ、自由のないつらい生活を強いられる非常に暗いイメージがある。

だが、田中圭一氏は村々に残る資料を見て歩くと、異なる世界が見えてくるという。「庶民は力を合わせて耕地をひらき、広い屋敷と家をもち、社を建て、大きな寺院を建てている。百姓の子弟の多くは字を読み、計算をし、諸国を旅した者も多い。婚礼の献立は驚くほど立派である。日ごろの粗食は貧しさだけが理由ではない。それは生活信条なのである。一口に言って、百姓は元気なのである」

百姓一揆も、圧制で追い詰められた人びとの階級闘争的な暴動ではなく、農民たちの社会的義憤、あるいは農民と幕府という対等な契約者同士の紛争であるという見方がなされている。身分制度もじつはゆるやかで、「百姓・町人の間で農・工・商を分けることなどだれも考えてはいなかったし、できもしなかった。土地を耕しながら店をひらき、織物を織り、酒をつくった。士・農・工・商という言葉の上の形式だけが整い、それがひとり歩きしているのである」という。

「農民を含めて、農業を経営しながら他業にも従事する人たちが百姓とよばれた」のであり、農村の資料からは、百姓たちが乏しい資源を大切にし、浪費を抑え、そして元気よく生き生きと働いている姿が見えてくるという。

それならば、なぜ、後世の私たちは、江戸時代の農村や農民に対して異様に暗いイメージをもっているのか。田中氏によれば、「幕府の法や制度をながめることから生まれる」歴史観のせいらしい。私たちが学校で江戸時代の勉強をすると、確かに法や制度や禁止令が異常に多いことに驚く。それが圧政や息苦しい生活を想起させる。封建主義はまっぴらだと思うわけだ。

これは、明治以降、西洋に見習い近代国家を建設しようとした為政者や学者が、ことさら「江戸時代は時代遅れの暗黒の時代」と位置づけようとしたため、幕府の法や制度ばかりが強調されたという面もある。

だが、法や制度、とくに数々の禁止令は、「社会現象に対する後追い対策」らしい。世の中に活気があって自由にいろいろな動きが出るからこそ、なんとか事態を収集しようとして禁止令を出すわけだ。そして、禁止令が出れば、また庶民はしたたかにちがうやり方をとる。どうも歴史の主役は、実質的に土地を所有している百姓たちのようなのだ。

もちろん江戸時代や明治時代に、農村には厳しい現実があったことは否めない。天災による飢饉など深刻な事態もあった。しかし、明るい面がまったくなかったかのような今までの歴史観は、やはり不自然といえるだろう。法や制度といった幕府側からの視点ではなく、庶民の日常の暮らしという視点に立つと、かなり異なる歴史が見えてくる。

例えば、現代でもイラク戦争があり、スマトラ島沖合い地震による津波災害で二〇万人を超える人びとが亡くなり、各地で紛争がぼっ発し、アメリカやイギリスでテロがあり、日本でも台風や地震が相つぎ多くの犠牲者が出ており、自殺者や青少年犯罪、子どもへの虐待も増加している……。こうしたできごとだけの資料を数百年後の人たちが見たとすれば、なんと悲惨な時代か、こんな時代に生きていた人々はなんと不幸なことかと思うのではないか。

未来の人々からの仮の視点だけではなく、現代人でも、このようなできごとだけを取り上げて、非常に悲観的にものごとすべてを語る人もいる。年賀状などにもこうした世相を嘆く長文を寄せる人が多く見られるようになった。

現実に大変な事件が多いのだが、それはマスコミが取り上げるもっともめだつニュースにほかならない。「マスコミのニュース」イコール「世界の動き」なのだろうか。現実の大多数の人びとの日常は、そんなにセンセーショナルなものではないはずだ。

庶民の暮らしのなかで、喜びや明るい話はまったくないのだろうか。そんなことはない。どんなに悲惨な事件や天災があろうと、若者が恋をしたり、子どもが生まれたり、学校で勉強したり、仕事で評価されたり、趣味の世界で認められたり、旅をしたりしながら人びとは生きている。そこには新たな喜びがあるはずだ。

また、農村であれ都会であれ、小さな花が咲き鳥がさえずり、蝉が生まれ秋の虫が鳴きという自然の営みがくり返され、そこに感動がある。多くの人はそうした喜びや感動を原動力に、明日も生きていこうとする。これは、きっとどんな時代でも変わらないのかもしれない。世の中は、苦しみだけでも喜びだけでもない。

今、マスコミの伝える悲惨な事件のすぐ隣で偶然生かされている私たちは、悲惨な事件の詳細を追いかけることに汲々としていていいのだろうか。やはり、どんなに悲惨なことがあろうと、生きるからには明日に目を向けるべきではないか。明日どうするのか、その希望を語ることが生きる原動力であり、悲惨な事件の犠牲者の鎮魂ともなるのではないか。

農業についても同じようなことがいえる。今、日本農業を取り巻く状況は厳しい。だが、私はそこでマイナス要因を取り上げ、悲観論を語ることはしたくない。これからどんな世界を形づくっていくのか、そのために何ができるのか、その希望を語りたい。

例えば農家に後継者がいないと嘆くのではなく、愚痴や他人の悪口をいっさいやめて、農業のすばらしさを語り、そんな仕事を自分もしてみたいと若者が思えるような話をしたい。若者たちにできるかぎり明るいもの、暖かいものをたくさん見せてあげたい。暮らしのなかの喜びを、きめ細かく拾いあげたい。そう思っている。

終章

「食」から未来を変えよう

◉徐耀華さんとの出会いとレストラン部門の展開

この三〇年、私たちは有機農業を広め、日本の農業を守る運動を進めてきた。消費者を組織し、生産者が有機農業でつくった農産物を買い支え、食べつづける。そのことで農民たちを応援しようとさまざまな取り組みを展開してきた。宅配組織は、一つの力だった。しかし宅配だけで、生産者のつくるすべての農産物を消費できるわけではない。宅配という方法が未来永劫に有効かといわれれば、そうでもないだろう。そうした考えが、レストラン部門をつくろうという考えに結びついた。

大地を守る会は、レストラン部門として東京都内に飲食店を四店舗経営している。直営店舗として、大地を守る会の食材をほぼ一〇〇パーセント使った日本料理店「山藤《やまふじ》」を西麻布に、また、中国雲南省の料理を専門とする「御膳房《ごぜんぼう》」を六本木に、さらに中国の北京ダックを専門とする「全聚徳《ぜんしゅとく》」を新宿と銀座に出している。

「山藤」は二〇〇四年夏にオープンした。北海道から沖縄まで全国に広がる大地を守る会の生産者たちが丹精してつくった農産物を素材として、一流といわれる他の日本料理店に負けない料理を提供している。生産者が上京したとき、自分のつくった野菜を出している店として自慢できるような店を実現したかった。自分の野菜が、一流どころの料理店ではこんなふうに料理されるのか、と感動してもらいたかった。できれば友達でも気軽に連れてこられるような店にしていきたい。

店内は、岩手県山形村産の木材をふんだんに使っていて木の香りが漂う。山形村は、二〇年以上も前から日本短角牛という在来種の牛の取り引きをしている村だ。大地を守る会が店を出すと聞いて、村の木材を使ってほしいと提案してくれたのである。皿や小鉢なども、大地を守る会が取り引きしている伊万里鍋島の小笠原藤右衛門さんが焼いた陶磁器を使うなど、素性がはっきりしている。本物の食材で料理すると、食べ物はこんなにもおいしいものになるのかと実感できる店にしたい。

北京ダックの店「全聚徳」は、二〇〇四年秋にオープンした。北京の老舗「全聚徳」と業務提携して、日本進出第一号店として出店した。もともと、北京ダックの「全聚徳」といえば創業一四〇年の歴史をもち、中国ではだれでも知っている有名な店である。「全聚徳」は、歴代の中国政府が外国からの要人を招いたとき、必ず接待で使う店だった。毛沢東の時代も、四人組の時代も、鄧小平の時代も、中国政府は大事なお客様を北京に招くと、きまって晩餐会を「全聚徳」で開いた。周恩来は、「全聚徳」の名前を見て、即座に「欠けるものなく、集まりて散らず、仁徳至上なり」と解釈したという。

中国は、近代だけでも数々の政変、政権交代を経験してきた。その波乱の時代でも、「全聚徳」だけは政変に巻きこまれることなく生きつづけた。その味の崇高さと格式の高さゆえに、ときの権力者たちは「全聚徳」を大事にしてきたのである。二〇〇四年、北朝鮮の金正日総書記が北京を訪問したとき、日本のマスコミは金総書記が中国首脳と北京ダックを食べているところを連日報道したが、その店が「全聚徳」だった。私たちは、「全聚徳」を通じて、日本と中国の友好関係がいっそう強まるお手伝いができればいいと思っている。「全聚徳」二号店は銀座に、二〇〇五年一〇月にオープンした。

こうした、大地を守る会のレストラン展開のなかでも、もっとも歴史が古いのが「御膳房」である。雲南料理専門店として一九九五年にオープンした。日本には、北京料理、広東料理、四川料理など多くの中国料理があるが、雲南料理は後にも先にも初めての店だった。しかも、化学調味料や添加物などはいっさい使わず、素材も大地を守る会が提供する有機野菜が中心というものだった。開店以来、「御膳房」は多くのお客様に親しまれ、愛されてきた。大地を守る会の運動部門と広報部門が同じビルの上階にあることから、会員の消費者や生産者も会議があった後など、ずいぶんと足しげく通っている。

「御膳房」には、「過橋米線《かきょうめいせん》」という人気メニューがある。その昔、中国雲南省に一組の仲のよい夫婦がいた。その夫は科挙の試験に合格するため、毎日夜遅くまで勉強していた。妻は、毎晩がんばって勉強している夫のために料理した麺夜食を持っていくが、夫は川を隔てた離れで勉強しているため、橋を渡って夜食を届けなければならない。でも、橋を渡って届けるころにはいつも麺は伸び、スープも冷めてしまう。何とか麺も伸びず、スープも冷めない夜食を夫に食べさせられないものかと、妻は一所懸命考えた。

ついに、麺とスープを分けて持っていき、食べる寸前に麺と具を、あらかじめ胡麻油を落としたスープに入れる方法を考えだした。こうすると、スープの上に胡麻油の膜が張って、冷めず、かつ麺が伸びない。妻の愛情を食べてがんばった夫は、みごと科挙の試験に合格した。

御膳房で「過橋米線」を注文すると、料理を運んできた店員が、この物語を昨日のできごとのように話してくれる。最近では、大学受験を前にした受験生や就職試験を受けにいく大学生の間で、これを食べれば試験に受かるという評判が立つようになった。

「全聚徳」と「御膳房」は、大地を守る会が半分の資本金を出資した東湖(株)という会社が経営している。この社長をしている徐耀華さんと出会ったことから、中国の人脈が広がった。日本への招致はむずかしいといわれた「全聚徳」を開店できたのも、徐さんのおかげである。徐さんという存在がなかったら、「御膳房」も「全聚徳」も生まれていなかっただろう。

「御膳房」「全聚徳」を足がかりに、日本と中国の真の意味での友好に力をそそぎたいと思う。

◉ap bankとの出会い

二〇〇五年七月、私は静岡県掛川市郊外の多目的広場「つま恋」にいた。容赦なく照りつける夏の太陽の下で、汗だくになりながら牛と豚の串焼きを焼いていた。団扇《うちわ》で真っ赤に燃える炭火をあおぎ、モウモウと上がる煙のなかで、焼いても焼いても串焼きがつぎつぎに売れる。目を上げると、串焼きはまだかという顔をしている若者の行列が五〇人ほども並んでいる。

七月一六日から三日間、「ap bank fes '05」という巨大コンサートが「つま恋」で開かれていた。ステージでは、ミスター・チルドレンの櫻井和寿、小林武史を中心に井上陽水やEvery Little Thing、トータス松本、中島美嘉、スガシカオ、浜田省吾など、今をときめくアーティストたちがつぎつぎと登場し圧倒的なパワーで歌っていた。一日二万人、三日間で六万人の若者たちが歌に酔いしれ、彼らの発する言葉に感動していた。

私が驚いたのは、舞台の両袖にしつらえられた二つの巨大スクリーンにアーティストの顔がアップで映し出されたかと思うと、そのすぐ後にアフガニスタンの戦場に悄然と立つ孤児の映像やイラク戦争で破壊された戦車が映し出されたときだ。農村の美しい風景が映し出されたかと思うと、一転して巨大なコンクリートのような人工的建造物が映し出される。メッセージは、明らかに平和を祈り環境破壊を考え、そして美しい日本の農村を守ろうということだ。櫻井和寿の熱唱する姿と、平和、環境、自然などのメッセージがくり返し、波のように会場全体を包んでいく。若者たちは、両手を高々と上げ足と腰を振ってそのメッセージに応える。

何ということだろう。私たちが三〇年もかけて日本の有機農業を育てようと訴えてきた、その言葉以上に強い影響力で、このアーティストたちは若者に語りかけている。たかが音楽、たかが歌ではない、圧倒的存在感が会場をおおっている。私は、年甲斐もなく興奮した。この会場にいる若者たちはすべて私たちの仲間だったのだ。コンサートは、四時間もつづいていた。

大地を守る会は、このコンサート会場の入り口に設けられた「フードエリア」に出店していたのである。岩手県山形村の短角牛や仙台黒豚会の串焼きを炎天下で売っていた。千葉県山武郡の生産者たちはスイカの切り売り、静岡県のフルーツバスケットの社員たちは、ジュースやお茶を売っていた。主催者側が、環境ＮＧＯや農業問題に関わる団体に食べ物を提供するブースを出してくれないかと声をかけ、大地を守る会がそれに応えたのだった。一日二〇〇〇本の串焼きも、スイカも、ジュースもお茶も、あっという間に売り切れてしまった。

二〇〇四年、ミュージシャンの坂本龍一とミスター・チルドレンの櫻井和寿、小林武史が「ap bank」という銀行を立ち上げた。彼らが演奏活動で得た資金の一部をプールして、それを環境問題やエネルギー問題、食べ物の問題に取り組むＮＧＯ、市民団体などに低利で融資するというものだ。

私は、小林武史と雑誌で対談したりして、彼らがなぜ「ap bank」を始めたかを聞いた。ap bank の「ap」は坂本龍一が設立した「Artists' Power」という団体の略称から発し、「Alternative Power」の略称となった。小林武史は、自分はアーティストだが、それだけでなく一人の人間として地球や社会に責任をもちたいと言う。「自分の責任」として環境や人類の未来を考えたい。アーティストとして演奏活動や歌で自分たちのメッセージを伝えていくのはもちろんだが、それ以外でも自分たちがアーティストとして得た収入の一部を「ap bank」として積み立て、それを環境問題や農業問題に関わっている小さな団体に融資し、そのことで「自分の責任」を果たしたい。自分たちの想像力や創造力は、そういうものだという。

小林武史は、コンサート会場で配ったパンフでもつぎのように語っている。

「環境のことに取り組んでいくと、全部が本当につながっているということがよくわかってくるんです。やっぱり二〇世紀まではどこか人任せ、人のせいにできてきた時代だったと思うんですよ。地球という大きな船に乗って、この船はどこに行っているのか、それを自分のせいとはあんまり思ってなかったような、具体的に言えば、石油を大量に掘って、排気ガスが大量に出ても、それが自分の責任というよりも周りが動いているから仕方ないんだと思うことができた時代。だけど、全部がつながっているということがわかると、どんな問題もできごとも〈すべて自分の責任なんだ〉ということがリアルに見えてくる」

◉ ap bank fes '05 にて。串焼きは焼くそばから飛ぶように売れてゆく。スイカの切り売りも大好評。

だからこそ、世界のことを、あるいは環境問題や農業問題、フェアトレードとか森の問題に自分の責任として、自分の足もとから始めたいと思ったのだという。「ap bank」はすでに二〇〇四年、東京の地球温暖化を考えるＮＧＯ、鹿児島の「エコファーム」を実践する小さな会社、埼玉県の生ゴミを回収して肥料を作っているＮＰＯ、佐賀県で自然エネルギーに取り組んでいるグループ、熊本で自然農法に取り組んでいるグループなどに融資を実施している。融資額は、団体に応じて二〇〇万円から五〇〇万円。金利は年一パーセントと低利である。

「ap bank fes '05」のコンサート会場で、私は、農業問題や食べ物の問題は一部の農民や消費者、あるいは一部の専門家だけでなく、こうしたアーティストの力も借りて運動を広げるべきだとつくづく思った。櫻井和寿の歌のメッセージが沁み入るように若者たちの心に入っていく。アフガンやイラクで何が起こっているか、農業やふるさとの山や川がどのように変わっていくのか、スクリーンに映し出される映像はくり返し観衆に訴えていた。ああ、ここにいる小林武史や櫻井和寿と私はまちがいなく同時代を生きている。同じ日本、同じ地球の上に立ち、同じ問題を抱えて生きている。この会場にいる二万人の若者たちも、何と素敵なヤツらだろう。髪を染めていてもピアスをしていても、一人の人間として未来に責任をもとうという気持ちは同じだ。私は、彼らに強い連帯感を感じた。

◉「ほっとけない、世界のまずしさ」キャンペーン

二〇〇五年九月から、大地を守る会は「ほっとけない、世界のまずしさ」キャンペーンに取り組み始めた。

いま三秒に一人の割合で子どもが命を落としている。極度の貧困により命を落とす子どもの数は一日三万人。一日一ドル以下の生活をしている人は一二億人。きれいな水を飲めない人は十億人以上。読み書きのできない大人は八億六〇〇〇万人。これまでエイズにより命を落とした人の数は二〇〇〇万人。

世界的に貧富の差が拡大している。国と国との間の格差も拡大しているし、その国のなかでも富める人と貧しい人の格差はどんどん広がっている。グローバリゼーションが進む今日、世界の貧富の差はこれまでにないレベルで拡大している。同じ星に住みながら、片方で三秒に一人が死に、片方で残飯を大量に捨てている社会がある。これは、モノをつくっても公平に取り引きをしてもらえなかったり、返済不可能なほどの借金を背負わされていたり、援助が足りず、しかも貧困を終わらせるためにきちんと使われていないことが主な原因だとされている。そして、これらの原因が組み合わさって、貧困が人為的につくりだされているのだ。

貧困とは、「お金がない」状態だけをさすのではない。食べ物、水、教育、保健など、人が生

きるために必要な最低限の要素が満たされていない状態のことをいう。また、自由に意見が言えなかったり、不当な差別を受けることも、貧困と密接に関わっている。こうしたことは、例えば一人の子ども、例えば一人の女性、例えばアフリカに住む一人の人間が日々受け止めている問題なのである。人は、一つ、二つの問題ならもちこたえられても、いくつも重なるともちこたえられなくなる。そんな貧困が、この世界、この時代のなかで、この日本でも静かに目に見えない形で広がっている。

こうした貧困は、それに苦しむ個人や社会だけの問題だろうか。このキャンペーンでは、日本を含む地球社会全体の責任ではないのかと問いかけている。こうした貧困は人災だと位置づけ、そのために必要なのは、「貧困を世界の最重要課題とすること」だと訴えている。

二〇年前、アフリカの貧困を救おうと世界のNGOが立ち上がったことがあった。世界中で寄付を集め二八〇億円ものお金が集まった。しかし、それはアフリカでは先進国への債務返済に一週間で消える額でしかなかった。元金は一円も減らない。相変わらず、貧困が原因で子どもたちは命を落としつづけていたし、エイズにかかる子どもの数も減らなかった。寄付だけでは、世界の貧困をなくせないということを、世界のNGOは思い知らされたのだった。

寄付だけでは、貧困のスピードに追いつけない。みんなの意向を集めて、それぞれの国で貧困を救うための政策を引き寄せなければならない。世界の貧困をなくすために、いま日本にで

きることは、

❶——援助を増やす。
❷——援助の方法を改善する。
❸——最貧国の高すぎる返済金利を少なくする。
❹——貿易をフェアにする。

この四つである。こうしたことを、みんなで考え自主的に政府や周りの人々に訴えていこうという運動が「ほっとけない、世界のまずしさ」キャンペーンである。世界中のNGOが参加し始めている。具体的には、「ホワイトバンド」と呼ばれる白いバンドを腕にはめて自分の意思を明らかにすることである。イギリスのサッカーのベッカム、同じくサッカーの中田英寿、プロ野球の西武ライオンズの松坂大輔、ミスター・チルドレンの櫻井和寿、小林武史、女優の藤原紀香、お笑い芸人の安田大サーカス、俳優の津川雅彦、中井貴一などもホワイトバンドをつけて「ほっとけない、世界のまずしさ」キャンペーンに参加していることを明らかにしている。

最近では、通勤電車の中で若い女性がホワイトバンドをつけて吊り革に手をかけている姿をよく見かけるようになった。道を歩いていて、前を歩いている若い男女が仲良くホワイトバンドをつけているのを見たりすると嬉しくなる。

大地を守る会も、有機農業運動に取り組んでいる生産者や消費者、加工品メーカーの人たちに広く呼びかけたいと思っている。

大地を守る会沿革	
1975.08	「大地を守る市民の会」設立
1976.01	新宿区西大久保に事務所を設置
1976.03	「大地を守る会」に名称変更。会長に藤本敏夫氏を選出
1977.04	池袋で「無農薬農産物フェア」
1977.11	大地を守る会の流通部門として「株式会社大地」設立
1978.02	「地球は泣いている　東京集会」開催
1978.05	食肉加工場設営・畜産物の取り扱いを開始
1979.06	新宿区立落合第一小学校の給食に有機農産物を導入
1980.05	他団体、生協などへの卸部門として株式会社大地物産、 食肉部門として株式会社大地牧場を設立
1981.08	ロングライフミルク反対運動への取り組みを開始
1982.03	鮮魚水産物の取り扱いを開始
1982.09	低温殺菌牛乳「大地パスチャイライズ牛乳」を実現
1984.05	「丹那の低温殺菌牛乳を育てる団体連絡会」を結成
1984.06	牛乳パック回収運動を開始
1985.10	武蔵野地区を中心に自然宅配（現大地宅配）を開始
1986.04	チェルノブイリ原発事故をきっかけに反原発運動開始
1986.12	日本消費者連盟などと主に米の輸入に反対する連絡会を結成
1987.12	大地物産と日本リサイクル運動市民の会が連携し「らでぃっしゅぼーや」開始
1989.09	神奈川県横浜市港北区（現都筑区）に配送センターを設置 以後各地に配送センターを拡充
1990.01	国際局、交流局の活動を開始
1990.11	「韓国有機農業交流ツアー」を実施 以後海外の農民たちとの交流ツアーを連続的に行う
1994.02	「森と海と大地のDEVANDA展'94」を国際見本市会場で開催
1995.09	東湖株式会社設立「御膳房」の運営にあたる
1996.02	地場型学校給食運動を提唱
1997.10	IFOAM（国際有機農業運動連盟）に加盟
1998.06	生協などとともに「環境ホルモン全国市民団体テーブル」を結成
1999.04	「大地を守る会 有機農産物等生産基準」を決定
1999.05	（株）大地牧場、（株）大地水産、（株）大地フーズの3社の事業を（株）大地に集約
1999.10	（株）大地物産、（株）レストラン大地の2社の事業を（株）大地に集約
2000.01	「大地の基準 こだわりのものさし」（商品取り扱い基準）発行
2000.11	大地を守る会設立25周年記念イベント「大地の大感謝祭」開催
2001.04	食品規格法（通称：JAS法）に基づく有機認証農産物の流通開始
2002.04	「ライフシードキャンペーン」を展開
2003.06	夏至の日の「100万人のキャンドルナイト」の事務局を務める
2004.08	直営日本料理店「山藤」開店
2005.04	「フードマイレージ・キャンペーン」を展開

あとがき

大地を守る会が三〇年もやってこられた秘訣は何ですか、と聞かれることがある。私は、即座に「大地が売る野菜や果物がおいしかったからですよ」と答えることにしている。どんなに安全な食べ物でも、まずかったら人は三か月もつき合ってくれない。無農薬や環境問題という言葉を食べて人は生きているのではないからだ。

農産物だから、確かに当たりはずれはある。しかし、平均して大地の野菜や果物はおいしかったのだ。農薬や化学肥料を使わないだけでなく、大地の生産者たちは農作物を愛し、手をかけ、心をこめてつくってきた。それが農産物の味に忠実に反映されたのだった。食べる消費者の顔が思い浮かぶのだから、当然と言えば当然のことだった。

安全性や環境問題などの理屈をこえて、大地を守る会の生産者たちがつくるものは「商品力」があったのである。その「商品力」のお陰で大地を守る会は三〇年を生き抜き、いま七万二〇〇〇世帯の消費者に支持されている。ここまで共に歩んできてくれた生産者たちに感謝したい。そして、設立のころから大地を守る会を自分の子どものように叱り、励ましつづけてくれた消費者の皆さんにも心から御礼を申しあげたい。

先日、愛知県渥美半島で大地を守る会の農業後継者の集まりがあった。胸につけているネームプレートを見ると、ああ、あの生産者の息子かとわかる二〇代、三〇代の若者が七〇人ほど集まった。ピアスをつけたり、髪を赤く染めた者もいる。そんなに突っ張らなくてもいいよ、君のお父さんも昔はそうやって生意気そうな態度をしていた。それでも、彼らは研修の時間になると目の色を変えて真剣になった。発言させると雑草対策でも天敵利用の技術でも、もう親のレベルを超えている者がいるほどだ。

この若者の集団を見ていて気づいたことがある。皆、同じように明るいのだ。くったくがない。昔は、農民の集まりといえば、農業がいかに危機に瀕しているか、政府の農業政策がいかに無策で農民を苦しめているか、そんな話ばかりだった。重苦しい雰囲気があった。考えてみれば、一世代前までの農民は自分の意思で農業を選んだというより、長男だから仕方なく農家の跡取りになったという人が多かった。自分より学校の成績が悪いのに、何であいつが町に出てサラリーマンなんかになれるのかと次男、三男の友人たちを羨んだ。

時代は変わって、いま目の前にいる若者たちは、ほとんどが自分の意思で農業を選んでいる。長男であっても、いまは昔ほど農家を継がなければという圧力は少ない。違う人生を選択しようと思えば選べるのだ。言葉を変えれば、農業が好きな若者たちが農民になりはじめた。愚痴を言わない。親との確執はあるものの、なるべく長生きして農作業をしていてほしいなどと言う。その間は、自分が楽をできるからだ。ドライで割り切っている。

農業だけでなく、若者らしくいろんなことに手を出している。スノボーを本格的にやって全国大会に何度も出場している若者。農村にいるのに近くの市の青年会議所に出入りして、講演会を企画する役回りを引き受けている者。ちゃっかり司会までやっている。奥さんと一緒にパンを焼いて、近所に売って歩いたり、絵描きかと思うほど玄人はだしの絵を描く者。趣味で陶芸をやっている者もいる。農業だけというモノカルチャーではないのだ。農業をベースにしながら、自分の生き方をいろいろと工夫している。自己実現の道を多様にもっている。だから明るいのだ。

こうした若者たちが育ってくれれば、日本農業の未来は明るい。日本農業の全体からみれば、ここに集まっている若者の数は取るに足らない数かもしれない。でも、この三〇年、さまざまな運動を見てきた私には、時代の兆候とはこういうものだという確信がある。暗い側面だけを見ていては、希望が見えてこない。小さい光でも明るい光を見て、将来に希望を託したい。

彼らが立派な有機農業生産者になるよう、私たちは彼らを励まし応援していけばいいのだ。彼らの生きざまが魅力あるものになり、周りに強い影響を与えはじめたとき、日本農業はきっといい方向に変わるだろう。そう信じて、大地を守る会は明日も、明後日も、せっせといい仕事をしていこう。三〇年と言わず、五〇年も一〇〇年も持続可能に生きつづけ、社会に必要とされる組織でありつづけたいと思っている。

最後に、この本を出版するにあたり、編集作業を手伝ってくれた高田美果さん、全体の構成を担当してくれた佐藤徹郎さん、そして工作舎の十川治江さんに厚く御礼申し上げたい。ありがとうございました。

二〇〇五年　晩秋

藤田和芳

◉著者紹介

藤田和芳（ふじた・かずよし）

一九四七年岩手県に生まれる。出版社に勤務するが、農と食への関心が深まり、土日を利用して無農薬有機野菜の引き売りを始める。一九七五年、環境NGO（市民団体）「大地を守る会」設立。日本で最初に有機野菜の生産・流通・消費のネットワークづくりをしながら、経済合理化を善とする文化状況に異を唱え、さまざまな運動を展開する。一九七七年には社会的起業のさきがけとなる「株式会社大地」設立。一九八五年には日本初の有機野菜の個別宅配を開始。

環境NGOとしても、ロングライフミルク反対運動、「ばなながほうと」、「いのちの祭」、自主大学「アホカレ」、「DEVANDA」、「THAT'S国産」、「一〇〇万人のキャンドルナイト」、「フードマイレージ」など、市民参加による提案型の運動を着実に展開している。

現在、大地を守る会会長、株式会社大地代表取締役、アジア農民元気大学理事長などを兼任。

著書：『いのちと暮らしを守る株式会社』（共著・学陽書房）、『農業の出番だ！』（ダイヤモンド社）。

大地を守る会

現在、会員は、関東圏を中心に全国に七万二〇〇〇世帯。大地を守る会の有機野菜や無添加食品など、三五〇〇品目は、会員制宅配「大地宅配」で届けている。

大地を守る会ホームページ　http://www.daichi.or.jp/

大地宅配　0120-158-183

ダイコン一本からの革命

発行日——二〇〇五年一一月五日
著者——藤田和芳
編集——佐藤徹郎＋高田美果
エディトリアル・デザイン——宮城安総＋松村美由起
表紙イラストレーション——河原崎秀之
印刷・製本——株式会社新栄堂
発行者——十川治江
発行——工作舎 editorial corporation for human becoming
〒104-0052 東京都中央区月島1-14-7-4F
phone: 03-3533-7051 fax: 03-3533-7054
URL: http://www.kousakusha.co.jp
e-mail: saturn@kousakusha.co.jp
ISBN4-87502-389-8

空間に恋して

◆象設計集団

沖縄の神と人が交信する場所「アサギ」を活かした名護市庁舎、台湾の冬山河親水公園、十勝の氷上ワークショップ…。場所に始まり場所に還る建築を造り続ける、象設計集団33年の全容。

●B5判変●512頁（カラー224頁）●定価　本体4800円＋税

屋久島の時間《とき》

◆星川　淳

世界遺産、屋久島に移り住んで半農半著生活を続ける著者が綴る、とびきりの春夏秋冬。雪の温泉で身を清める新年からマツムシの大合唱を聴く秋まで、自然との共生を教えてくれる好著。

●四六判上製●232頁●定価　本体1900円＋税

鳥たちの舞うとき

◆高木仁三郎

敬愛する宮澤賢治にならい、市民科学者をめざしてきた著者が、死の間際に残した念願の小説。余命半年を宣告された主人公と、ダム建設にゆれる天楽谷の人々や鳥たちとの交流を描く。

●四六判上製●224頁●定価　本体1600円＋税

植物の神秘生活

◆ピーター・トムプキンズ＋クリストファー・バード　新井昭廣＝訳

植物たちは、人間の心を読み取る！　植物を愛する科学者・園芸家を紹介し、テクノロジーと自然との調和をめざす有機農法の必要性など植物と人間の未来を示唆するロングセラー。

●四六判上製●608頁●定価　本体3800円＋税

タオ自然学　増補改訂版

◆フリッチョフ・カプラ　吉福伸逸＋田中三彦＋島田裕巳＋中山直子＝訳

宇宙をあらゆる事象が相互に関連しあう織物にたとえ、物理学と神秘主義、東洋と西洋の自然観を結ぶ壮大な試み。世界18か国で訳され、ニューエイジ・サイエンスの口火を切った名著。

●A5判変上製●386頁●定価　本体2200円＋税

ホロン革命

◆アーサー・ケストラー　田中三彦＋吉岡佳子＝訳

スターリニズムとナチズムの暗黒を体験した著者が、組織と個人、部分と全体、全体主義と還元主義の矛盾を超えるべく提示した画期的コンセプト「ホロン」。現代になお示唆的な一書。

●四六判上製●496頁●定価　本体2800円＋税